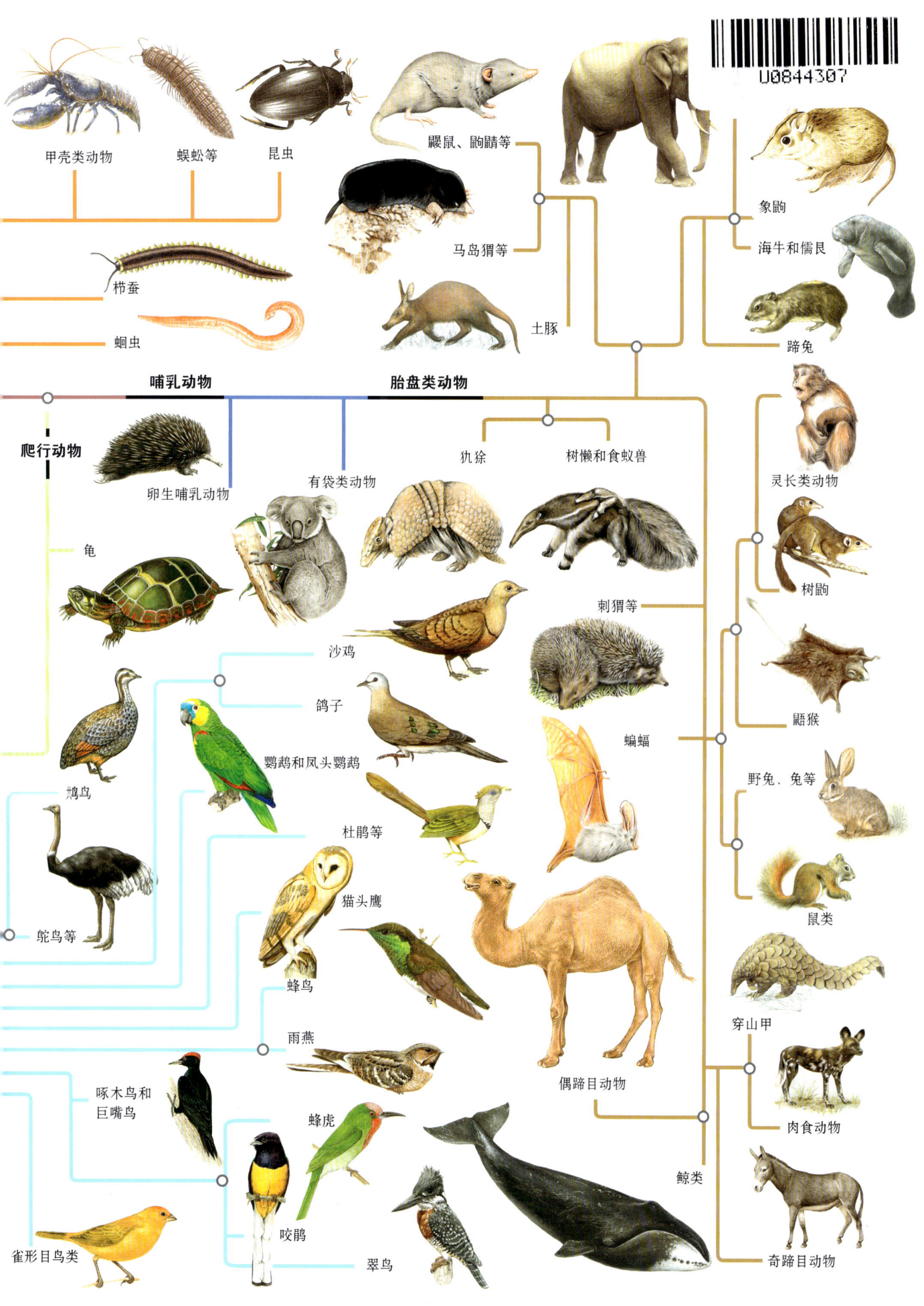

国家地理动物百科

两栖动物

西班牙 Editorial Sol90, S.L. ◎著
李彤欣 ◎译

山西出版传媒集团　山西人民出版社

目录

概况
什么是两栖动物   *4*
进化   *6*
解剖结构   *8*
变态   *10*
濒临灭绝的两栖动物   *12*

无尾目
什么是无尾目   *14*
跳远选手   *16*
行为与觅食   *18*
原始蛙类   *20*
蛙科   *21*
树栖和陆栖蛙   *24*
水栖蛙   *30*
玻璃蛙   *32*
红腹铃蟾   *33*
多色斑蟾及其他   *34*
毒蛙   *36*
全球性与地方性蛙   *38*
蟾蜍   *40*
有袋蛙及其他   *42*

有尾目与无足目
什么是有尾目   *44*
水栖蝾螈   *46*
蝾螈和欧螈   *50*
大鲵和两栖鲵   *54*
无足目   *56*

概况

两栖动物是地球上最古老的陆生脊椎动物。蟾蜍、青蛙、火蜥蜴、蝾螈和蚓螈都是两栖动物。世界上总共有6000多种两栖动物。大部分两栖动物生活在热带地区,但也有一部分两栖动物已适应了干冷的气候。

什么是两栖动物

幼年期时,一般生活在水里,但是渐渐地会随着变态发育为成年的陆栖生物。它们薄薄的皮肤布满黏液腺,且为避免干燥,通常在水里或潮湿的地方产卵。

门:	脊索动物门
纲:	两栖纲
目:	3
科:	20
种:	5461

水陆两栖

西班牙语里的两栖动物叫"*Anfibio*",意指双重生活。这意味着两栖动物在其不同的生长阶段都发挥着它们神奇的适应能力,这使它们既能在水里生活,也能在陆地上生存。大部分两栖动物幼年期都是在水里生活的,它们通过鳃呼吸,只有发展成形后才会长出腿。相对而言,成年期的两栖动物拥有肺部和四肢,便可以在陆地上栖息了。这一系列的变形过程,我们称之为变态。现存的两栖动物被分为三类,分别为有尾目、无足目与无尾目。有尾目的两栖动物在成年期有四肢和尾巴,如火蜥蜴和蝾螈。无足目又称为蚓螈目,顾名思义,它们没有四肢,外形上长得像蠕虫。而从属无尾目的物种在它们的成年期同样也有四肢,但是没有尾巴。大部分的两栖动物都是无尾目,如我们熟知的蟾蜍和青蛙。尽管这三类两栖动物有所不同,但两栖动物的大部分特征都是相似的。为保持自身湿润,它们的皮肤布满了潮湿的黏液腺,此外,它们也有专门释放毒液的腺体。它们的听力结构由两块听小骨组成,有时这两块听小骨还是连接在一起的。听小骨能把鼓室里捕捉到的声音传导到内耳,即鳃盖与耳柱骨。在两栖动物的耳朵内部有两个敏感区:两栖乳头与基底乳头,前者可勘测到因身体振动而带来的低频音,而后者则可勘测到通过空气传播的高频音。两栖动物的双眼布满视网膜细胞,这使它们即便在弱光下仍能看清周围环境。但蚓螈却是例外的,它们黏附在表皮的眼睛并不发达。此外,两栖动物的牙齿十分独特,其牙冠与花梗状的牙齿由一块纤维软组织联合在一起,在捕食的时候用来固定猎物。

两栖动物
顾名思义,它们有着水陆两栖的双重生活。它们幼年时,生活在水里;而成年后,则会爬上陆地。

食物

处于幼年期的两栖动物是草食性的，但当它们成年之后则会变为异常贪食的肉食动物，对可以抓到的任何猎物都来者不拒。两栖动物的舌头形态各异，可长可短，可平扁也可伸缩。它们捕捉食物的时候，可以很大程度地扩大自己的口腔，并通过牵动一块特殊的肌肉来抬高和移动自己的眼睛。

捕猎
两栖动物在捕猎的时候会直接用舌头把猎物卷入自己的嘴里，无须咀嚼。

吞咽
在闭上眼睛的瞬间，它们的眼球会在内部转动并往下推挤，从而增加口腔中的压力。

进化

两栖动物，作为陆地上最古老的脊椎动物，其共同的祖先是肉鳍鱼。为了适应新的环境，两栖动物的身体也不得不做出相应的改变：它们有了与从前不太一样的循环系统与呼吸系统；它们的皮肤不得不具备抵抗干燥的功能；在新的寄生环境下，由于缺乏液体物质，其位移难度大大增加，因此，它们不得不改变自己的行动方式。在石炭纪和二叠纪期间，两栖动物极为繁盛，而爬行动物正是由它们演变而来。目前被人类所熟知的最古老的两栖动物非鱼石螈与棘螈莫属，尽管它们的许多特点跟鱼类十分相似，但其四肢结构与盆腔及胸腰部却跟两栖动物是一致的。

繁殖

两栖动物的繁殖期一般在温带地区的某些季节段或热带地区的雨季或旱季。很多两栖动物幼年期间的全部生长变化都是在水下进行的，但有些两栖动物是在陆地上完成幼年期的成长的。大部分的有尾目与无足目动物在体内完成受精。有尾目物种有一套较为复杂的"交配仪式"，能够使雌雄之间可同步释放并吸收精囊。为了吸引异性，雄性有尾目动物有自己特有的求偶方式，如展示自己色彩斑斓的皮肤或释放特殊的气味等。相反，大部分的无尾目动物都是通过体外受精来完成繁衍的。无尾目动物的雄性趴在雌性的背部并紧紧抱住雌性，使其排出的卵子受精。大部分的两栖动物会把它们的卵排在水里，但也有些两栖动物是把卵散落在陆地的枯树或乱石之间。尽管大部分的两栖动物并不会花时间细心照看自己的后代，但蝾螈、蚓螈还有部分的无尾目动物（如箭毒蛙）会在某个特定的地方保护好自己的受精卵，直到它们孵化成形。成年的两栖动物既可以排卵，也可直接生出小蝌蚪，总之繁衍方式多种多样。有些两栖动物会把受精卵黏附在自己背部凹凸的缝隙里或四肢上，有的甚至藏在声囊内部或胃里面。

有些蝾螈、蚓螈与蟾蜍甚至把卵阻挡在输卵管里，直到它们完成变态发育。

栖息地

两栖动物主要生活在温热带地区的淡水湿地里。热带雨林中两栖动物种类最多，温带干旱地区最少。在气候十分炎热或寒冷的地区是不存在两栖动物的，在海洋里也找不到它们的踪迹。北半球的两栖动物相对比较少，而在中美洲以及南美洲两栖动物的种类却是非常多的，如巴西（有830种以上）、哥伦比亚与厄瓜多尔。在东南亚地区两栖动物的种类也是很多的，尽管缺乏足够的调查数据，不过估计其数量不少于南美洲。

三类两栖动物

现存的两栖动物分为3个目：无尾目（青蛙与蟾蜍）、有尾目（火蜥蜴与蝾螈）以及无足目（蚓螈）。我们可通过它们的行动特点区分这3种两栖动物。

无尾目
成年的无尾目动物没有尾巴，相对于其身体来说，它们的后肢较长。

有尾目
有尾目动物即使成年了，也会保留着尾巴，其四肢的长度是一样的。

无足目
无足目动物没有四肢，其行动方式和蛇的移动方式相似。

进化

根据基础的化石研究,科学家们推测最初的两栖动物起源于肉鳍鱼。此类鱼的特点是鱼鳍中有一个中轴骨,在陆地上它们正是靠这个中轴骨来支撑身体的。与此同时,为了适应新环境,它们的身体也发生了极大的变化,例如它们最终可以在脱离水的情况下进行呼吸。

起源

两栖动物起源于约 3.7 亿年前的泥盆纪末期。它们的身子粗壮且笨重,其特点在于其结构复杂的牙齿。有关两栖动物的起源其实是有争议的,也有人推测它起源于石炭纪末期。

鱼石螈

时间	3.65 亿年前
分布范围	格陵兰岛
体长	接近 1 米

从双鳍到双腿

从古老鱼类的鱼鳍关节看来,可以看出它们有背鳍、肘关节甚至腕关节,其末端的关节看起来甚至像是指关节。

3 亿年前

现代的两栖动物起源于 3 亿年前,也有可能可以追溯到更古老的时代。

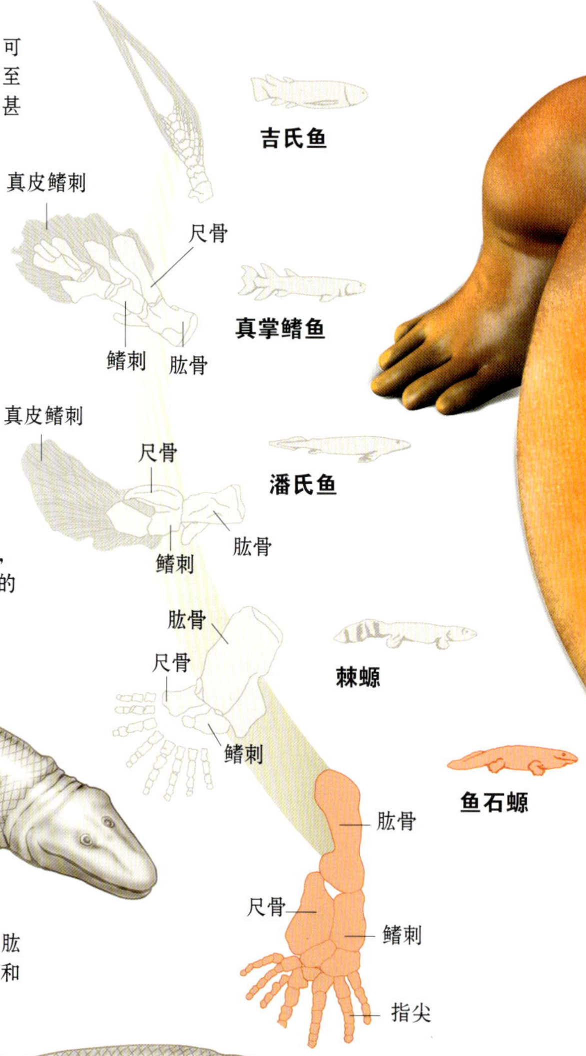

提塔利克鱼

属于肉鳍鱼类,生存于泥盆纪,是在鱼类与两栖动物之间过渡的最重要的古生物。

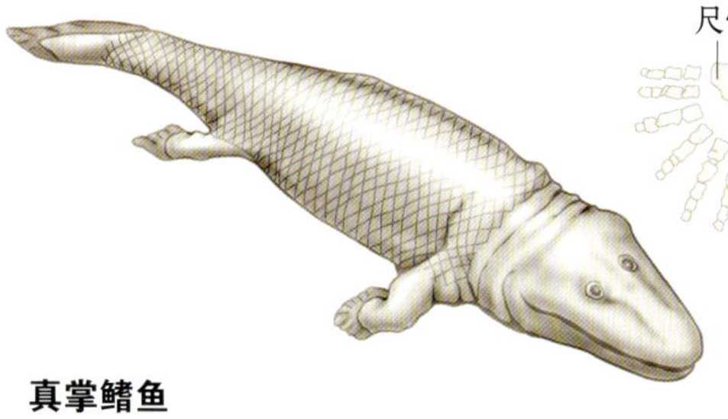

真掌鳍鱼

它们的鱼鳍构造十分独特,有肱骨、尺骨、桡骨、股骨、胫骨和腓骨。

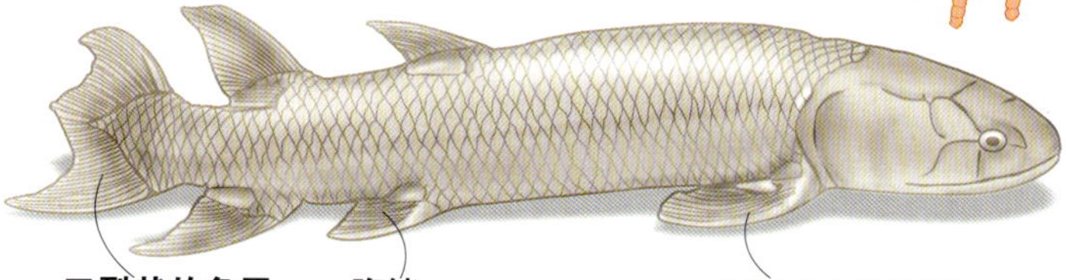

吉氏鱼 — 真皮鳍刺, 尺骨

真掌鳍鱼 — 鳍刺, 肱骨

潘氏鱼 — 真皮鳍刺, 尺骨, 鳍刺, 肱骨

棘螈 — 肱骨, 尺骨, 鳍刺

鱼石螈 — 肱骨, 尺骨, 鳍刺, 指尖

三裂状的鱼尾 · **腹鳍** · **长满肌肉的胸鳍**

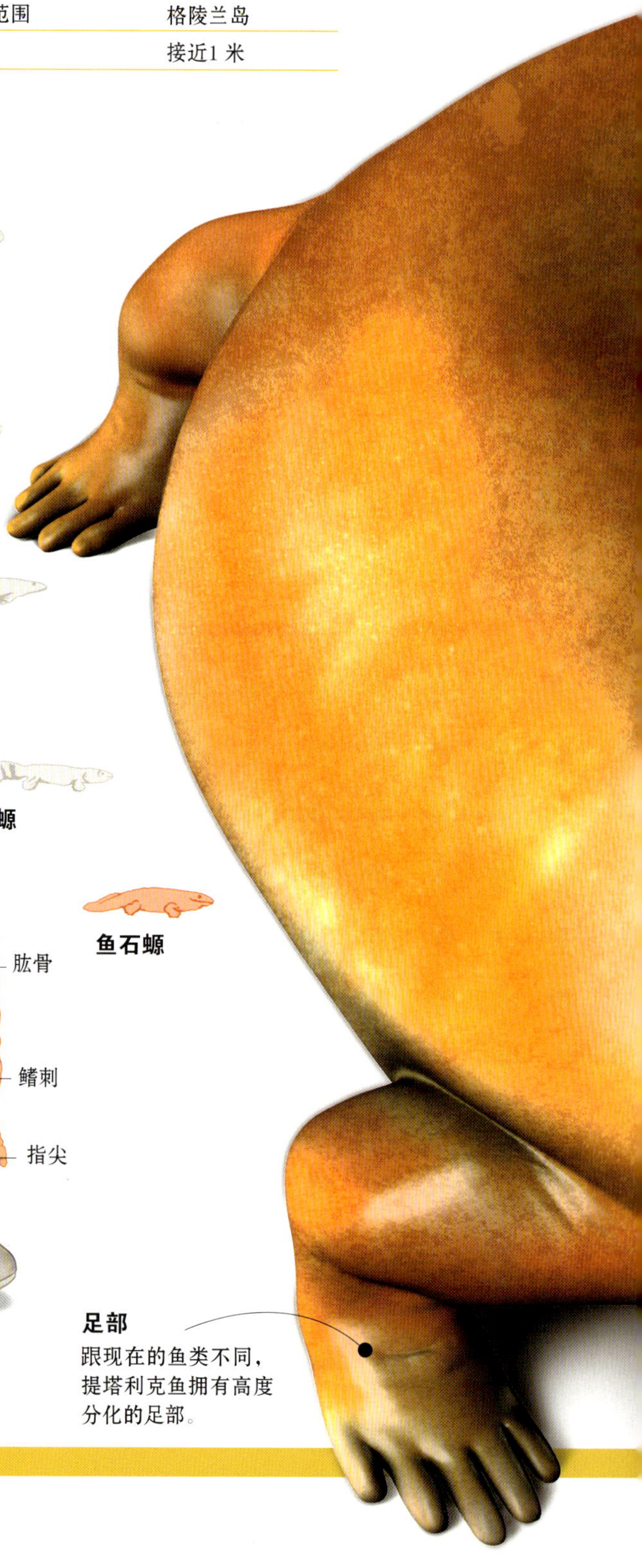

足部
跟现在的鱼类不同,提塔利克鱼拥有高度分化的足部。

两栖动物 7

泥盆纪
持续不断的旱灾与涝灾使得两栖动物不得不完成进化。

鱼鳞 如同鱼一般，全身遍布鱼鳞。

尾巴 保留了鱼鳍的形状。

棘螈 地球上第一种已知的四足生物。由于它们无法很好地适应陆地环境，故主要生存在水里。它们的鳃和肺跟鱼类一样。

如浆般的尾巴

强而有力的肌肉有助于其抬起头部

宽扁的头部

可移动的椎骨使它们的脊椎更加有力

短小的四肢仅在水里才会用到

骨架 最初的两栖动物保留了鱼类的许多身体特征，例如典型的宽尾巴。它们四肢短小，外形看上去有些笨拙。棘螈是已知的最早生存在地球上的四足动物，且没有天敌。

棘螈

骨盆带　肩带

脊椎 由多根椎骨组成，结构坚固。

下巴

脊椎 由一根中轴骨构成，承受身体所有重量。

鱼石螈

骨盆带　鱼肋骨　肩带　下巴

8 个脚趾
鱼石螈的每个前肢上有8个脚趾，而每个后肢上有7个脚趾。

100 厘米

头部 它们圆圆的头部跟泥盆纪时期的骨鳞鱼十分相像。

解剖结构

两栖动物之所以可以在水陆过渡环境中生存下来,是因为其身体骨骼的变化使它们能够在陆地上自由行动,此外,还归功于它们的皮肤能够抵抗干燥带给它们的伤害。在各种生态系统中,两栖动物主要通过皮肤呼吸。它们的心脏有两个心房与一个心室。许多两栖动物在幼年期是草食动物,但是到了成年期,其消化系统也可适应肉食动物的进食习惯。

骨架与表皮

幼年期的两栖动物的骨头是软骨,但是随着变态发育,其骨骼会渐渐硬化。无足目动物和有尾目动物的头部都比较小巧,相比之下,无尾目动物的头骨较大。

有些两栖动物是有牙齿的,主要长在上颌与下颚,也有一些位于口腔的上颚。

所有的两栖动物都有两个髁,用于连接它们第一且唯一的颈椎——寰椎。大部分无尾目动物没有肋骨,而无足目动物与有尾目动物有许多椎骨,且不同物种的椎骨数量也不一样,有些动物的椎骨可达到上百根。无尾目物种没有尾巴,其尾部的椎骨跟尾杆骨是连接在一起的。无足目动物没有肩胛和骨盆带,而有尾目动物缺乏锁骨。

现存的两栖动物没有毛发、鳞片或羽毛来让它们免受干燥和其他环境的伤害。但是它们的表皮遍布腺体,不仅起到湿润的作用,而且还可以释放有毒物质。通常两栖动物的皮肤颜色鲜艳,不仅有助于抵挡太阳辐射,而且使它们能够在大自然中进行伪装。在不同的环境刺激下,它们还可以瞬间改变自己的体色。两栖动物皮肤很薄且体表湿润,血管丰富,血液供给充足,这使它们可以通过皮肤辅助呼吸。蟾蜍疣状的皮肤上布满腺体,可分泌出各种液体。

两栖动物身上的表皮突起,除了疣,还有增厚的皮肤、结节与幼体期的角质齿。有些两栖动物每隔一段时间便会蜕皮。在蜕皮的时候,它们会直接吃掉这层蜕化的表皮,以摄入其丰富的营养成分。

呼吸、循环与消化

幼年两栖动物通过鳃呼吸。在它们最初的成长阶段,鳃是露于体外的。而成年两栖动物有了肺,其形状就像囊一样。肺的结构不一,有些很简单,有些很复杂:布满皱褶且分层,大大增加了呼吸面积。有尾目动物的肺除了用来呼吸,更多的是用来增大在水中的浮力。而无足目动物却仅仅右肺发达。此外,两栖动物也有可能通过口腔的黏膜层来进行呼吸。由于两栖动物的表皮很薄、湿润且布满毛细血管,因此可通过皮肤进行呼吸。幼年两栖动物的循环系统跟鱼类相似,但二者的心脏结构不一样,幼年两栖动物有两个心房。右心房用于接收其他身体部位输送过来的未供氧的血液,之后再传送给心室。而后这些血液再从心室流向肺部及其他可进行气体交换的身体部位,例如皮肤与口腔。左心房从肺部接收富含氧气的血液,之后再输送给心室与身体的其他部位。由于两栖动物的心房交替供血,因此这两种血液混合并不明显。无尾目动物的消化系统在幼年期和成年期是有很大区别的,例如草食性蝌蚪与肉食性青蛙。两栖动物的肠呈螺旋状且细长。两栖动物到了成年期,摄入的食物通过食管内的肌肉蠕动,穿过布满食管的层层纤毛再进入胃里。处于幼年期的两栖动物的胃,仅仅是一个积累食物的器官,并不会分泌消化酶。有尾目动物的消化系统在幼年期与成年期并无太大差别。

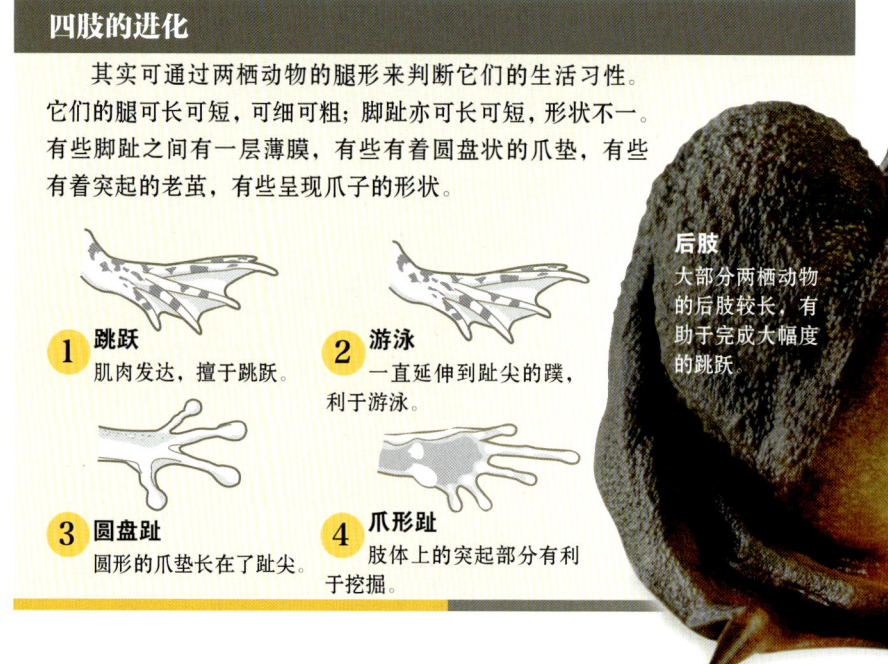

四肢的进化

其实可通过两栖动物的腿形来判断它们的生活习性。它们的腿可长可短,可细可粗;脚趾亦可长可短,形状不一。有些脚趾之间有一层薄膜,有些有着圆盘状的爪垫,有些有着突起的老茧,有些呈现爪子的形状。

1 跳跃 肌肉发达,擅于跳跃。

2 游泳 一直延伸到趾尖的蹼,利于游泳。

3 圆盘趾 圆形的爪垫长在了趾尖。

4 爪形趾 肢体上的突起部分有利于挖掘。

后肢 大部分两栖动物的后肢较长,有助于完成大幅度的跳跃。

表皮

两栖动物通过皮肤呼吸。它们的表皮布满湿黏的腺体，可保持表皮湿润。尽管如此，皮肤还是比较容易变干，因此，它们更倾向于生活在潮湿的地方。此外，这层皮肤还有另外一个功能：上面的腺体可分泌难闻甚至有毒的物质来吓跑它们的天敌。

感觉器官

两栖动物是唯一与鱼类有共同之处的四足生物，例如，大部分处于幼年期和部分成年期的两栖动物就跟鱼类十分相似。它们的鼻子和口腔中有化学感受器，还有着较为发达的雅克布森器官，这是一个跟嗅觉相关的器官，这一器官在爬行动物身上体现得更加完全。此外，两栖动物的皮肤有化学感受器与触觉感受器。两栖动物的眼睛有视网膜、水晶体与瞳孔，并由眼睑保护，跟其他脊椎动物一样，但也有一些穴居的两栖动物眼睛萎缩，表面只有皮肤覆盖。两栖动物在中耳有两种乳突，分别为基底乳突和两栖乳突。基底乳突（其他脊椎动物也有）通过鼓室和耳柱骨接收高频音（1000赫兹），而两栖乳突（两栖动物独有）经过与鳃盖连接的前肢肌肉组织来接收低频音（低于1000赫兹）。雅克布森器官作为一个化学感受器，负责联系嗅觉室与口腔。两栖动物正是通过这一器官来嗅出嘴巴里的食物的味道。幼年与部分成年两栖动物有松果眼。

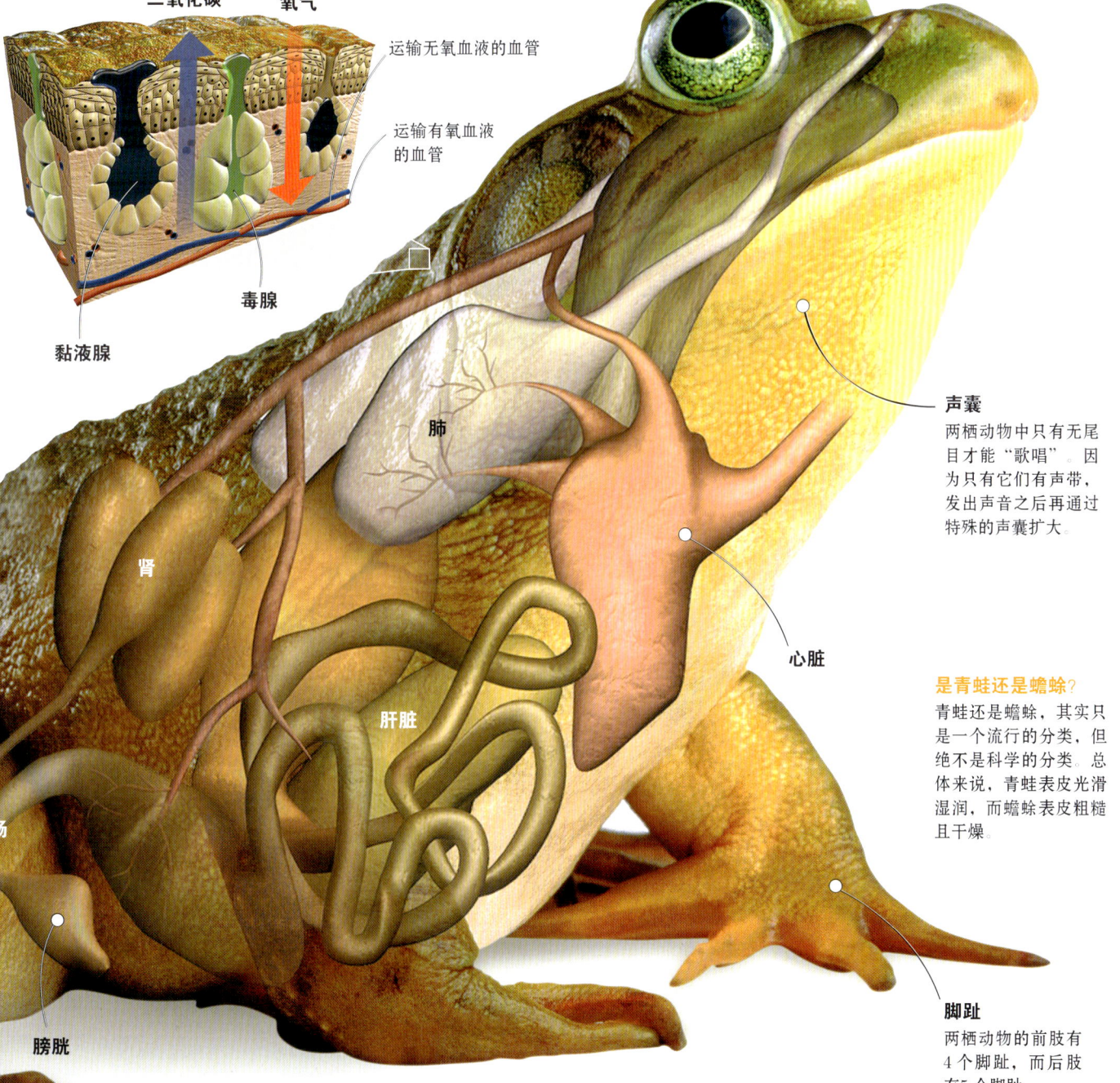

声囊
两栖动物中只有无尾目才能"歌唱"。因为只有它们有声带，发出声音之后再通过特殊的声囊扩大。

是青蛙还是蟾蜍？
青蛙还是蟾蜍，其实只是一个流行的分类，但绝不是科学的分类。总体来说，青蛙表皮光滑湿润，而蟾蜍表皮粗糙且干燥。

脚趾
两栖动物的前肢有4个脚趾，而后肢有5个脚趾。

变态

有些动物的长相从出生到成年没有太大的变化，也有一些动物，出生的时候是一副面孔，但随着成长，经过一系列的剧烈变化或变态发育，其身体解剖结构到了成年或性成熟的时候已经发生了重大的改变。在无尾目物种及部分有尾目和无足目物种身上都体现了这一特殊的生命发展周期。

双重生活

当受精卵孵化的时候，一些两栖动物幼体会形成自己的体态与生理特点，而且它们对水环境是完全能够适应的。而出生后接下来的几周，它们的身体会发生巨大的变化，例如，身体结构与进食习惯的变化。也正是这些改变，使它们成为名副其实的两栖动物，水陆双生。

刚出生时的头部

两栖动物的幼体初期在其头部下方有一个吸附器官，其作用如同一个吸盘，可助其吸附在其他物体上。由于幼体的尾巴并不发达，因此，无法依靠尾巴进行移动。

鳃裂　　大脑轮廓
　　　　眼睛
　　　　未来的嘴巴
　　　　吸盘

1 第一阶段
3 天
刚孵化出来的幼体，身体结构其实十分简单，仅仅有3个部位：头、身体与尾巴。

外鳃
孵化出来3天后，蝌蚪便有了外鳃。

内鳃

2 大大的脑袋
4 周
裸露在外部的鳃会被表皮覆盖，并由内鳃替代。蝌蚪会进食大量的水藻。

16 周
正是变态发育所需的时间。

后肢
在尾巴与躯干的连接处长出后肢。

被薄膜覆盖的尾巴

后肢

3 长出四肢
6 周
开始生成内部与外部器官，如眼睑与后肢正是由这时候的结节即圆形的小突起演变而来的。

前肢

尾巴变短
通过自溶与吸收作用，蝌蚪的器官如尾巴和鳃会变小直到消失不见。

两栖动物 11

安全的"旅行"
侏毒蛙的蝌蚪利用吸盘，吸附在一只成年蛙身上。

出生之前
青蛙的受精卵中有足够的卵黄能给幼蛙的成长提供养分。

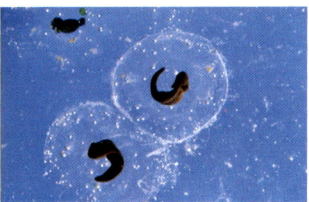

4000 枚卵子
每一只雌性蛙每次可排出4000 枚卵子。

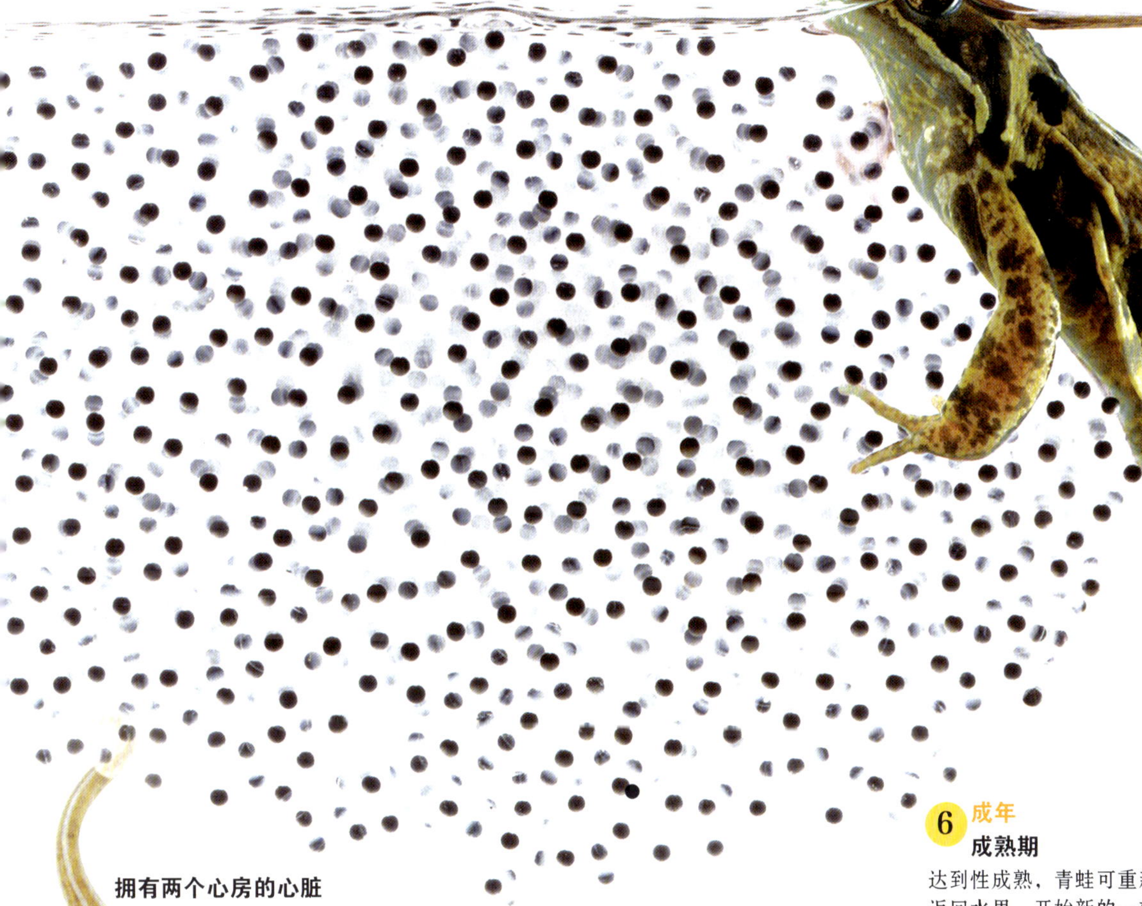

食用蛙
（*Rana esculenta*）

拥有两个心房的心脏

5 过渡
16 周
变态发育带来了新的生活习性：两栖动物从草食动物进化为肉食动物。

外凸的眼睛

6 成年
成熟期
达到性成熟，青蛙可重新返回水里，开始新的一轮的繁衍。

残尾

4 心脏
9 周
心脏分化为两个心房，每个心房会向唯一的心室输送血液。

脚趾
发育完全，脚趾之间有蹼，便于游泳。

濒临灭绝的两栖动物

地球上几乎1/3的两栖动物处于濒危或灭绝的状态。目前已确认灭绝的两栖动物有38种，但研究表明，已灭绝的两栖动物多达120种。目前42%的两栖物种数量呈现减少的趋势，因此，可以想象在未来几年，濒危的两栖动物数量应该也是有增无减。大部分的威胁源自栖息地的减少与破坏。

现状

世界自然保护联盟濒危物种红色名录是由世界各地许多专家共同制作而成的，用来记录动物物种的保护现状，其中着重记录下了全球范围内濒危的动物物种。按照惯例，我们通常把濒危物种红色名录中3个等级，包括极危、濒危与易危统一归类为"濒临灭绝"的动物。在红色名录上总共记录了6260种两栖动物，其中1/3约2030个物种属于濒临灭绝这一范畴。其中38个物种已确定为灭绝，还有1种确定为野外灭绝。总而言之，总共有2697种两栖物种的生存现状并无大问题，在世界自然保护联盟濒危物种红色名录中归类为近危或无危。而有1533种动物由于数据缺乏而无法进行归类，但有可能大部分是处于世界性的濒危状态。

一份非正式研究报告表明，约从1500年前至今仅仅灭绝了38种两栖动物。但由于缺乏精确的数据资料，约有120种两栖动物我们是无法确定它们的保护现状的，并且这些物种灭绝的可能性非常高。此外，有证据表明两栖动物的灭绝是呈现上升趋势的，38种确定为灭绝状态，其中有9种自20世纪80年代就已经不存在了。

在5966种无尾目动物中，1749种处于濒危或灭绝状态。而有尾目动物遭受的威胁最大，275种正处于濒危或灭绝状态。相对而言，无足目动物的生存现状较为理想，只有6种濒临灭绝。但是事实上，几乎2/3的蚓螈由于数据缺乏而无法进行正确归类。

现存的多样性

两栖动物在世界的某些地区分布十分广泛，且种类繁多，例如南美洲与非洲的热带地区。在两栖动物物种多样性方面能与热带地区相媲美的是美国东南部。这里两栖动物物种丰富，尤其是蝾螈。人们对地球上不同地区的两栖动物进行了观察与研究，如在印度尼西亚、巴布亚新几内亚和刚果盆地，两栖动物物种多样。但如果我们对这些地区不进行更具体更详细的考察研究，是无法认识到它们真正的重要性的。全球范围内，巴西是拥有两栖动物物种最多的国家，至少有798种。而秘鲁，尤其是厄瓜多尔，记录在册的两栖动物多样性应该是可以大幅度增加的，前提是我们能够进行更多的调查与研究。而在其他国家与地区，有关两栖动物的调查强度其实并不大。

或许是除了美洲国家以外，印度尼西亚是拥有两栖动物物种最多的国家，其多样性可与巴西和哥伦比亚媲美。

主要威胁

目前，存在着的许多威胁使地球上的两栖动物物种数量锐减。其中主要是栖息地的减少与破坏，影响着约4000种两栖动物的生存。总之，这一因素造成的恶劣影响甚至比环境污染还要严重。此外，外来物种入侵、火灾与疾病传播也是主要威胁因素之一。通过菌类传播的疾病，如壶菌病，导致两栖动物数量锐减，最终致使多种物种迅速灭绝。这一菌类通过感染两栖动物的表皮而使两栖动物死亡，而且目前仍找不到根治它的有效措施。人们判断壶菌病起源于非洲，之后迅速向全球蔓延。栖息地的减少与破坏影响着大部分两栖动物的生活。然而跟壶菌病不同的是，栖息地问题导致的两栖动物物种减少速度相对会比较慢，所以人们可以采取措施来保护现存的两栖动物，例如建立保护区。

濒临灭绝的数量

根据世界自然保护联盟的评估，42.5%的两栖动物正呈现减少趋势，26.6%处于稳定状态，只有0.5%处于增长阶段。而且数量减少的物种所占的比重或许比所统计的数值还要更大。

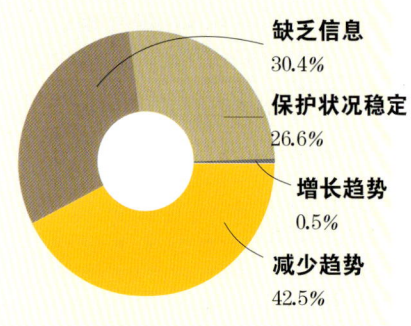

缺乏信息 30.4%
保护状况稳定 26.6%
增长趋势 0.5%
减少趋势 42.5%

保护现状

如果我们对世界上濒临灭绝的两栖动物的地理分布做一个统计，会发现它们分布在各种各样的地理环境中。大部分濒危的两栖动物分布相对集中，从墨西哥南部到厄瓜多尔和委内瑞拉（包括大安的列斯群岛）。通常它们生活在多山地的环境里，且分布范围也有一定的限制。许多两栖动物不仅面临着栖息地锐减的威胁，还被一种被称为壶菌病的疾病困扰。其他濒危的两栖动物主要集中在几内亚北部的非洲森林、马达加斯加、印度、斯里兰卡、中国南部、婆罗洲、菲律宾和澳大利亚东部。

金蟾蜍
（*Incilius periglenes*）
人们最后一次看见金蟾蜍是在1989年的5月15日。金蟾蜍被世界自然保护联盟认定为绝种动物。据估测，这一物种的灭绝跟一种菌类疾病感染以及气候变化有关。

马略卡产婆蟾
（*Alytes muletensis*）
被世界自然保护联盟归类为易危动物，主要威胁来自外来蛇的掠食和人类城镇的扩张。

凯伊那奇箭毒蛙
（*Ameerega cainarachi*）
由于咖啡豆种植业与畜牧业而导致栖息地锐减，目前处于濒危状态。

中国大鲵
（*Andrias davidianus*）
被世界自然保护联盟归类为极危动物，主要威胁来自栖息地的锐减与人类的饮食消费。

丑角蛙
属于新热带两栖动物，因人类活动导致的巨大环境变化而濒临灭绝。

无尾目

什么是无尾目

一般而言，无尾目就是我们所说的青蛙或蟾蜍。在所有的两栖动物中，无尾目物种数量最多。到了成年期，它们的尾巴便消失不见了，身体短小且胀大，后肢十分发达。无尾目动物的雄性有独特的发声器官。在保护、照顾受精卵与后代方面，无尾目动物有各种各样的方法。除了异常干燥或严寒的地方，无尾目动物几乎遍布世界各地。

| 门：脊索动物门 |
| 纲：两栖纲 |
| 目：无尾目 |
| 科：20 |
| 种：5461 |

没有尾巴

"anuro"（西班牙语：无尾目）这个词其实源于希腊语（an：没有；oura：尾巴）。无尾目动物经过变态发育为成体，尾巴也会跟着消失。

外形与外貌

人们喜欢根据无尾目动物的外形来区分青蛙与蟾蜍，但这并不是科学的生物分类。

无尾目动物身材短小，没有脖子，有四肢且后肢发达，用于跳跃、掘土或游泳。其椎骨少于10根，肋骨发育不完全或根本没有。末端的椎骨与尾杆骨接合，而尺骨与鳍刺接合，胫骨与腓骨接合。头部扁平，带有眼睑，硕大的眼球尤其突出，眼睛后有圆圆的、薄薄的鼓膜。嘴巴通常很大，头颅有少量的头骨。

皮肤粗糙如疣，但有黏液腺，可保持皮肤湿润；而表皮上的毒腺则在自我防御时发挥作用。有时在它们眼睛或四肢、背部会形成固体腺。大部分雄性的爪子因皮肤角化而产生"婚瘤"，这使它们在抱对时雄性可紧紧地固定住雌性。

栖息地

除了南极洲，无尾目动物无处不在。大部分无尾目动物生活在南美洲，约占全球总数量的40%。有些无尾目动物有发达的脚蹼，可在水生环境中来去自

种类与发声

无尾目种类繁多，且不同种类发声也不一样。这也有助于我们区别无尾目的动物，尤其是那些长相十分相似的动物。

春雨蛙
（*Pseudacris crucifer*）

体形各异

通常无尾目动物的成体有着大大的脑袋、短短的身子、长长的后肢,没有尾巴。在不同的栖息环境,它们的行动方式也是大大不同的。根据它们不同的形体特征,有些擅长爬树,有些擅长游泳,有些会掘土,有些甚至还会滑翔。

树栖
红眼树蛙
(红眼蛙属)

水栖
非洲爪蟾
(爪蟾属)

掘土
非洲铲鼻蛙
(肩蛙属)

陆栖
蟾蜍
(蟾蜍属)

如。而有些既可生活在湿润的环境里,也可脱离水环境独立生存,因此,我们常常可以在石头缝隙或树洞里寻到青蛙的身影。但是凡事都有例外,有些无尾目动物完全可以适应干燥沙漠里的生活,只有沙漠下雨时它们才有机会繁衍。在气候炎热的地方,无尾目动物的多样性是极大的,形态大小与皮肤颜色都有很大的差别;在气候寒冷的地区,无尾目动物通常深埋在泥土里并陷入昏睡状态。

发声

不同种类的无尾目动物发声是不一样的。它们发出的声音通常是反复的颤音或呱叫声,像是各式音符的复杂组合。无尾目动物之所以能够发声,得益于它们由软骨骨架支撑的大气管与咽喉。空气由肺部推动,经过气管,从而振动声带。甚至有些无尾目物种还有胀大的声囊,有着共鸣器或放大器的功能。通常我们认为青蛙的发声主要是在夜晚,有些是为了吸引异性交配,有些是为了圈定自己的领地。当雌性与雄性相遇时,通常是雄性发出叫声,雌性会被叫声所吸引。最能吸引雌性的是结构复杂的叫声,而雄性为了发出这种声音,一般需要较大的体力消耗。当然还有其他类型的叫声,例如,当青蛙面临危险时会发出求救音,而当它们对交配还没准备好时,会发出解除音。

繁殖

无尾目动物一般在水里受精,且大部分是卵生动物。在交配的时候,雌性被雄性紧紧抱着,雌性产卵而雄性排精,以此完成体外受精。有些青蛙会把自己的卵黏附在树叶、水生植物或植物胚乳内,那样幼体可直接在它们上面吸取养分。青蛙卵的分布既可分散也可集中,既可在陆地上也可以在水里。有时卵被一层胶质膜包裹着,它们在里面成团凝聚或呈细长线形;而有时因为有胶质,卵还会彼此相连,就像一串念珠。有的蛙排出卵后置之不理,这是十分常见的,但也有许多雌性与雄性对卵或后代呵护备至的例子:它们会看护好卵,甚至把它们埋藏起来,或驮在背上随身携带。

青蛙的幼体通常会得到特殊照顾,像有些青蛙会把幼体寄放在自己的胃里,且胃持续好几周都不会分泌酸性物质;雄性的达尔文蛙是在自己的声囊内携带受精卵,直到它们孵化成形。有些青蛙为了给蝌蚪提供食物,还会提供未受精的卵子作为营养供给品。无尾目幼体与成体形态差异十分大:幼体圆圆的身子带着一条扁长的尾巴,变态过程中首先长出后肢,然后是前肢。

繁殖方式

不同的两栖动物有不同的产卵与保护卵的方式。卵可产在树叶上、巢穴里,甚至地下,有些两栖动物还会把卵随身携带在背上,或寄放在体表缝隙里,甚至是胃里面。

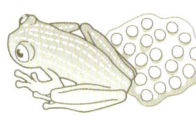
把卵产在树叶上,孵化成功后,蝌蚪会掉入水里(如玻璃蛙)。

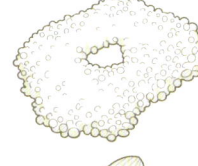
把卵产在巢穴中(滑背蟾科、细趾蟾科)。

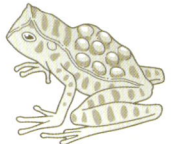
把卵携带在背上的皮囊里(囊蛙属)。

把卵产在树洞里或凤梨科植物上。

成体把幼体驮在背上,之后幼体再落到水里。

把卵产在远离水的陆地上(短头蟾科)。

跳远选手

无尾目中,能完成高难度跳跃的青蛙,是公认的跳远能手。为了让人更加清楚地认识到青蛙卓越的跳跃能力,我们不妨做个类比:青蛙轻松一就能跳 15 米,这是人类一次跳跃所不能达到的距离。对于蟾蜍与青蛙而言跳跃是十分重要的,凭借这一能力它们既可躲开天敌的追捕,还可捕食猎物

适者生存

无尾目动物的生理解剖结构使它们擅长跳跃。不同的青蛙,跳跃距离在它们体长的 10~44 倍之间。为了生存,它们不得不英勇一跳,时而为了躲避天敌的追捕,时而为了捕捉到自己的猎物。而青蛙之所以能成为跳跃能手,得益于它们的盆骨、发达的后肢肌肉。

650 厘米
一只青蛙所跳跃的距离。

滑翔蛙
滑翔蛙有卓越的行动能力,凭借脚蹼能在空中完成滑翔动作。因此,它们可在树梢之间任意滑翔。

哥斯达黎加飞树蛙
(*Agalychnis spurrelli*)
这种飞树蛙栖息在中美洲热带森林最潮湿的地区,雌性比雄性大,约长 10 厘米。

骨骼
青蛙的跳跃很大程度上取决于其盆骨的骨头形状及脊椎骨。其盆骨上有许多肌肉固定支点,而脊椎骨仅由 9 根椎骨组成,这些特殊的骨头结构使得它们的跳跃具有极大的弹性。

盆骨
由两块长骨头组成,跟末端的脊椎骨和尾杆骨联合在一起。

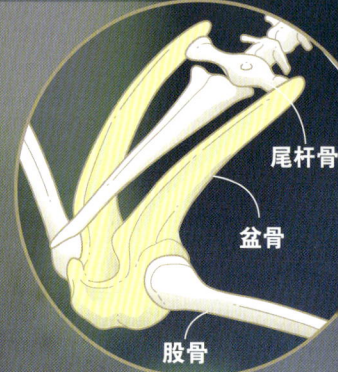

尾杆骨
盆骨
股骨

有爪子的青蛙
除了跳跃、滑翔与爬树,它们的爪子还有防御作用。像雄性壮发蛙(*Trichobatrachus robustus*)为了夺得雌性的芳心,会用爪子上突出的毛刺跟其他雄性决斗。

力量
腿上发达的肌肉为青蛙一跃释放所必需的能量。

脚趾的末端,肌肉回缩,爪子长在第一指骨上。

爪子

雄性的脚趾上有一连串的突起,在抱对时用来固定住雌性。

突起

起跳
躲藏好的青蛙会先在河岸植被上驻足,然后纵身一跃扑向自己的猎物。

两栖动物

逃脱
纵身一跳，可躲避爬行动物或小型哺乳动物的追捕。

捕猎
在跳跃之前，青蛙会瞪着锐利的眼睛，仔细观察去向。

① 跳跃
发达的肌肉释放张力，朝地反向一蹬，四肢推动身体向前飞跃。

行动
化学能转化为动能。

黏附
伸出舌头末端，卷入无法挣扎的猎物。

昆虫
这些节肢动物是青蛙主要的食物来源。

② 进食
当青蛙跳至最高处时，正是它们伸出舌头捕食的时候。

空气动力学
通过拉伸身体减少空气阻力，因此跳得更远。

③ 降落
后肢的伸展增大了与空气的摩擦，使得青蛙更易入水。

潜水
当头进入水里，青蛙会把身体弯曲起来，寻找水面。

安全
入水后，捕食者会停止进攻，那么青蛙便安全了。

蟾蜍的跳跃
尽管蟾蜍的跳跃动作跟青蛙类似，但通常跳跃距离会比较短，它们的双腿弹性不大且力量不足，难以推动这个原本就比青蛙要大得多的身体。

| 静止 | 推动 | 跳跃 | 着陆 |

后肢推动身体　　瞬膜保护眼睛　　前肢触地

行为与觅食

无尾目动物是领地观念强烈的动物,为了霸占地盘进行争斗是十分常见的。它们喜欢在潮湿或靠近水的地方栖息,繁衍方式多种多样。雄性通过叫声来吸引雌性,而每种青蛙的叫声也是各不相同的。跳跃是无尾目动物代表性的行动方式。无尾目成体是肉食动物,而幼体可以是肉食动物也可以是草食动物。无尾目通常吃活体猎物,且会整只吞下无须咀嚼,但其口腔大小,限制了它们的捕食对象。

学习

无尾目有很好的记忆力,可以清楚地分辨出它们吃下的昆虫是叮咬型还是螯刺型的。

离不开水

无尾目动物为了保持身体湿润做出了诸多调整,当身体干燥时,它们会靠近水体或者潮湿的地方来恢复并保持皮肤湿润。有些无尾目动物通过保留体内尿素能够忍受极大程度的脱水,例如那些在沙漠穴居或高盐度环境下生存的蛙类。通常我们能够在池塘或土坡上看到青蛙的身影,因为那里的空气湿度相对比较大。有些无尾目动物是群居性的。小蝌蚪可组成密密麻麻的蝌蚪群,在成长过程中还会在水中一起游动。当无尾目动物的幼体开始脱水时,它们会聚集在水塘里。目前已经有许多有关青蛙幼体为了避免身体干燥而成团聚拢的记载。大部分无尾目动物的成体在繁殖期会聚集在一起。此外,无尾目动物还具备躲藏能力,像擅长爬树的蛙类,会充分利用自己与大自然融为一体的体色,白天时会把自己藏在树木叶片之间。冬季时,蛙类会藏匿在树干下、乱石间或树洞、崖穴里冬眠。

其他行为

无尾目动物之间的斗争是一种十分普遍的动物行为。为了霸占地盘它们会与对手抗争到底,有时候它们曲起蛙背、胀大肺部并抬起双腿试图吓唬对手。此外,它们之间的斗争也是为了捍卫自己的觅食领地。面对敌人,不同的蛙类有不同的防御方式:有些会纹丝不动;有些会胀大身子;有些会抬起前肢,露出外形酷似眼睛的腹股沟腺。为了躲避危险,它们会采用独特的排泄行为来消除自身的尿味,即使是水生的无尾目动物同样也有类似行为。在面临危险时,蛙类还能释放毒液。无尾目动物建巢穴不仅仅为了繁殖,也是为了保持身体湿润,

而且当水灾来临时也可作为藏身之所。在行动方面，无尾目动物能行走、跑步与攀爬，但是跳跃是它们最具代表性的行动方式。而它们游泳时，只会用到后肢。此外，在树木之间自由滑翔也是无尾目动物的行动方式之一，例如黑掌树蛙（*Rhacophorus nigropalmatus*）。

觅食

陆栖无尾目动物利用舌头来捕捉猎物。有些蛙类在身体向前扑的同时，会张开大嘴吞食猎物。水栖无尾目动物通过大口吸水把猎物吞入口腔内，例如苏里南蟾蜍。大部分的无尾目动物试图吞食猎物时通常会用前肢来控制猎物。通常而言，成体蛙吃节肢动物（蜈蚣、蜘蛛和甲虫等昆虫）、软体动物（蜗牛、蛞蝓）、蚯蚓与脊椎动物（例如蟾蜍吃小鸟和老鼠）。它们会在昆虫常出没的地方静静埋伏。像在夜里光线暗淡时，它们通常会出现在蜂群旁、水源附近(便于捕食昆虫)或蚂蚁行走的路上。它们还能记住这些地方的具体分布范围，具备返回原地的能力，英文中我们称之为"*homing*"。有利的气候条件与充足的猎物供给使无尾目动物能顺利捕捉到大量食物，但如果气候恶劣，食物紧缺，它们长时间不进食也是能够生存下去

的。如果要举一个极端的例子，非条纹犁足蛙（*Cyclorana alboguttata*）莫属：它们深埋在土里，好几年不进食仍能生存，通常会等雨季来临再出来觅食。

静静地埋伏

有些蛙类会在某个特定的地方保持一动不动，仅吃那些经过它们身边的猎物。

番茄蛙

有些蛙类面临危险会保持纹丝不动，但是番茄蛙却不是这样的，它们勇于展示自己靓丽的体色。这抹鲜艳的红色，作为警戒色警告着捕食者：不可以吃我，我的皮肤有毒！此外，它们还能将身体胀大，把自己变成一个圆鼓鼓的球体来吓唬捕食者。或者说，就它们这样的巨型体积，敌人根本无法下咽。

身体语言

为了捍卫领地或吸引异性，蛙类通过挥动肢体来传达信息。虽然雌性也具备这一能力，但通常是雄性才会使出这一本领。巴拿马金蛙（*Atelopus zeteki*）就是一个典型的例子，它们会摆动双腿，画出波纹或圆形来告诉对方，这个地盘已经被它们占领了。

警告

当一只雄性青蛙发现另一只青蛙后，如果对方不是雌性，它会通过腿部动作示意，这个领地已经被它占领了。

挑战

对手接收了信号但无视雄性的警告并试图挑战它，同样也会挥动着自己的前肢。当这种挑衅的答复发出后，占据领地的雄性会再次发出警告的信号，坚持自己的领地权。

打斗

如果两只雄性都无法妥协，那么它们就会陷入打斗，但持续时间十分短，不会造成重伤。

原始蛙类

门：	脊索动物门
纲：	两栖纲
目：	无尾目
科：	滑跖蟾科
种：	6

原始蛙类是新西兰特有的无尾目动物，栖息在潮湿且雾气重的森林，属于夜行动物，吃脊椎动物。它们体形小，头宽，眼睛大，有9根骶椎，残尾有肌肉。与大部分蛙类不同的是，原始蛙类的舌头不长且用四肢游泳，没有毒腺与爪垫。

Leiopelma pakeka
毛德岛滑跖蟾
体长：4.7~5.1厘米
保护状况：易危
分布范围：新西兰毛德岛

毛德岛滑跖蟾的体色通常是褐色，也有一些呈红褐色或橄榄绿色，背部与脸部有黑色印记。雌性体形比雄性要大。巢穴一般选在山谷浅滩乱石间或被群树环绕的平原上。毛德岛滑跖蟾，顾名思义，是新西兰毛德岛特有的物种。白天它们藏匿在茂密的森林间，当夜幕降临，空气清爽，温度在8~14摄氏度之间时，才会外出活动。捕食时，它们会扑向昆虫并用嘴巴直接吞咽。雌性会在潮湿的树干或岩石下产20多枚卵，而接下来的14~21周，雄性负责保护这些卵。卵直接发育，不存在幼年期。当卵孵化成功后，蝌蚪行动并不活跃，而是趴在雄性的腰或腿上继续发育。当它们生命受到威胁时，会发出微弱的几乎听不见的吱吱声。

拟态
它们极强大的拟态本领，让它们看起来像是一个神秘的物种，同时这也是它们最主要的防御方式。

Ascaphus montanus
尾蟾
体长：3~5.4厘米
保护状况：无危
分布范围：加拿大南部和美国北部

尾蟾的背部呈褐色，夹杂黑色斑纹且一直延伸至腹部。性别二态性：雄性有短尾状的交配器，是泄殖腔的延伸，用于交配；雌性体内受精。处于发情期的雄性在腿部有婚瘤。雌性可在水里产下45~75枚卵。在气候最潮湿的季节，它们会选择靠近有水的地方，而当气候最干燥的时候，它们把浅滩当作自己的巢穴。

幼年期
持续3年，通常它们会回到自己的出生地进行繁殖

Leiopelma hochstetteri
何氏滑跖蟾
体长：3.8~4.7厘米
保护状况：易危
分布范围：新西兰的北部岛屿

何氏滑跖蟾是新西兰地区分布最广的蛙类，体形健壮，大部分呈褐色，也有些体色是绿色。雌性体形更大，但雄性后肢肌肉更发达。何氏滑跖蟾的后肢上都有脚蹼，身体布满毒腺。作为夜行与半水栖动物，栖息于原始森林的淡水溪流旁，白天会待在潮湿的洞穴、树干或岩石下。抱对发生在浅水处或溪流旁。

蛙科

- 门：脊索动物门
- 纲：两栖纲
- 目：无尾目
- 科：蛙科
- 种：1400

蛙科动物分布广泛，仅除了西印度群岛找不到它们的踪迹，几乎遍布世界各地，在澳大利亚与南美洲也有一定的数量。它们体形扁平，有上颌齿和水平瞳孔，胸骨呈骨化状态。抱对时雄性会紧抱雌性的腋下，通常卵很小且有颜色。变态发育在水中进行。

Rana temporaria
林蛙

体长：6~9厘米
保护状况：无危
分布范围：欧洲和亚洲西部

林蛙通常呈褐色或灰色，但也有淡黄色或偏红色的个体。侧腹通常为红色或白色，身体带有深色纹路，便于伪装。后肢健壮，带有脚蹼，擅于跳跃与游泳。雄性林蛙比雌性稍微轻一些。林蛙是夜行动物，会冬眠，吃蜗牛、蛞蝓、蠕虫和其他昆虫。春天时，雄性会靠近生殖区，为了赢得雌性的芳心会与其他雄性争斗。雌性可产下1000~2000枚卵，卵由一层胶状物质包裹着。在10~14天之后，卵会孵化成蝌蚪，而蝌蚪在接下来的10~15周则会完成变态发育。

Rana esculenta
食用蛙

体长：5~11厘米
保护状况：无危
分布范围：欧洲

声囊
食用蛙声囊为绿色，且只有雄性食用蛙才有声囊，它们会唱的"曲目"众多。

食用蛙是莱桑池蛙（*Pelophylax lessonae*）和湖侧褶蛙（*Pelophylax ridibundus*）交配得到的混种绿蛙。食用蛙的冬眠模式根据与它们一起生存的亲代蛙类的不同而不同：当它们跟莱桑池蛙共同生活时，在土里冬眠；若跟湖侧褶蛙生活，则在水里冬眠。

绿色的背部是食用蛙最大的体态特点，一般呈灰绿色或橄榄绿色，且上面还带有一些深色的斑点或条纹。腹部为白色，通常带有深色斑纹。

食用蛙吃昆虫、小型禽鸟与部分两栖动物。同类相食频繁。雌性食用蛙在森林湖畔的洞孔中产20~1000枚卵。夏季，它们会在固定的地点繁殖，而冬季来临时，则开始冬眠。

嘴上的条纹
大部分食用蛙有一个条纹从嘴一直延伸至泄殖腔，横穿整个背部皮肤。

Conraua goliath
巨谐蛙

体长：17~32厘米
保护状况：濒危
分布范围：非洲中西部

巨谐蛙是世界上最大的青蛙。栖息在非洲西部的丛林里，那里的急流瀑布遍布沙石且周边有植物覆盖。在蝌蚪发育的头几周里，它们唯一的食物就是这些绿色植物。

巨谐蛙的外形跟其他青蛙差不多，只是体形要比一般青蛙大许多。背部为深绿色，而腹部与四肢内侧呈淡黄色。它们的四肢不仅长，而且灵活，一次可跳3米远。成体的巨谐蛙吃昆虫、蝾螈、火蜥蜴、小型蛙类和鱼类。跟大部分青蛙不同，它们没有声囊，无法通过歌唱来求偶。而且雄性巨谐蛙比雌性体形要大，为了能够与雌性交配，雄性之间会进行争斗。雌性一次产上百枚卵于河流旁的树木之间。要完成变态发育需要85~95天。

自2.5亿年前，非洲巨谐蛙便没有发生结构性的变化，而时至今日，由于栖息地环境的破坏与人类的狩猎活动，它们已濒临灭绝。

巨大的眼睛
巨谐蛙的眼睛呈三角形，眼球又大又圆，直径约长2.5厘米。

Pyxicephalus adspersus
非洲牛蛙

体长：20~24.5厘米
保护状况：无危
分布范围：非洲南部

雄性非洲牛蛙呈深橄榄绿色，喉部呈黄色或橙色，而雌性呈亮橄榄绿色或亮褐色。它们适应力很强，可以在干燥环境下生存，如无树的大草原与沙漠地区。大部分非洲牛蛙有掘土习惯，会用后肢来挖洞穴。雨季正是它们的交配时期。雄性会聚集在浅滩里，体形最大的雄性会待在中间，负责庇护那些较为年轻的牛蛙；而雌性会通过游泳慢慢靠近雄性群，把年轻的雄性驱赶走，选择跟体形最大的雄性进行交配。雌性会把卵产在池塘旁，雄性靠近去受精，之后照顾幼体直到它们孵化成功。

非洲牛蛙吃两栖动物、爬行动物与小型哺乳动物。

保持水分
为了防止身体水分蒸发，它们会蜷缩起来，就像一个茧。

Limnonectes kuhlii
大头蛙

体长：5~7厘米
保护状况：无危
分布范围：亚洲

大头蛙生活在靠近溪流等水源的多林山地里，会在水源附近产下卵，约10天可孵化成功。它们可以在海拔高达2000米的地区生存。身体颜色根据栖息地而有所不同，有红色、褐色与绿色，且带有深色斑纹。雄性的头部比较扁平。尽管大头蛙是夜行动物，但是在白天的时候，它们也会出没在林地里。它们摄食的昆虫多种多样。

Phrynobatrachus natalensis
纳塔尔穴蟾蛙

体长：2.5~3.5 厘米
保护状况：无危
分布范围：非洲中部和东南部

纳塔尔穴蟾蛙栖息在潮湿的沼泽地区，像半荒漠的灌木丛、森林与稀树草原。

通常，它们的皮肤呈褐色，有些在背部有一条亮色的线。与其他青蛙不同的是，它们的脚趾没有蹼膜，而雄性在繁殖期间，身体会长一些突起的瘤。雄性为了吸引藏在隐秘处的雌性会大声歌唱。交配之后，雌性会把卵产在静且浅的水域。主要食物为白蚁、蜘蛛、蝇、蟑螂、甲虫、蚂蚁与蝴蝶。

Ptychadena oxyrhynchus
尖鼻皱蛙

体长：4~6.4 厘米
保护状况：无危
分布范围：非洲中部和东南部

尖鼻皱蛙，顾名思义，尖尖的鼻子正是它们最大的特点。四肢长，皮肤光滑，有颈脊。体色一般在深米色与橄榄绿色之间，脊背上带有深色斑纹。耳膜可见，大小约等于眼球直径。雄尖鼻皱蛙两侧有声囊。尖鼻皱蛙很轻，无论在水里还是陆地上，行动都异常迅速，强而有力的后肢使其可以进行大幅度的跳跃。尖鼻皱蛙栖息在开阔的稀树草原或遍布荆棘的平原上，一般在有池塘的地方可以寻到它们的踪影。当雨季来临时，它们会离开水塘到外面产卵。

Nyctibatrachus humayuni
孟买夜蛙

体长：3.2~4.8 厘米
保护状况：易危
分布范围：印度

孟买夜蛙身体健壮紧凑，头宽，鼻子圆短，眼珠突出，垂直瞳孔，有小眼睑。后肢虽短但有力，脚趾长而扁平。雄性脚趾上的吸盘比雌性的要大。为了得到雌性的青睐，雄性需长时间地歌唱。脚下大大的吸盘使它们可以更好地黏附在树叶上。与其他青蛙不同的是雄性没有声囊，也没有婚瘤。孟买夜蛙是旧大陆唯一在交配期间不进行抱对的无尾目物种。

Ceratobatrachus guentheri
尖叶蛙

体长：1.18 厘米
保护状况：无危
分布范围：所罗门群岛、布丁维尔岛和布卡岛（巴布亚新几内亚）

尖叶蛙栖息在多雨的潮湿森林里，夜间活动活跃。雌性尖叶蛙在树洞中或者地洞中产卵，而雄性为了吸引雌性的注意，会十分卖力地歌唱。体色有亮褐色、黄色与深米色，头部上方有明显的突起。在过去，尖叶蛙因可以当作宠物饲养而被捉捕，但现在属于无危动物。

Microbatrachella capensis
微型蛙

体长：1.2~1.6 厘米
保护状况：极危
分布范围：南非

微型蛙是小型蛙类之一，几乎如人类的指甲般大小。体色有绿色、褐色与灰色，一深色条带从眼睛一直延伸至后肢。四肢短小，脚趾由蹼膜连接。雄性微型蛙有巨大的声囊。当它们发出尖锐的声音时，可以清楚地看到声囊。微型蛙一次可产 20 多枚卵，由一层胶状物质包裹着，黏附在水下植物上。

保护状况

微型蛙的生活范围十分有限，仅仅生活在开普敦市的湿地里。目前人类城镇化发展、农业发展、外来物种入侵与栖息地干燥化对它们的生活都造成了重大影响。据估计，它们栖息地的范围少于10平方千米。

Micrixalus saxicola
小湍蛙

体长：3~3.5 厘米
保护状况：易危
分布范围：印度

小湍蛙体形小，体色呈褐绿色，带有深色条纹与斑纹。它们通常栖息在热带潮湿森林的多石溪流旁。小湍蛙作为昼行动物，一般会垂直抱住潮湿的岩石或藏在树洞下。尤其是白天下雨的时候，为了吸引雌性，雄性会蹲坐在水源附近的树枝上放声歌唱，而雌性会把卵产在石缝间的水坑或树上。

树栖和陆栖蛙

门：脊索动物门	
纲：两栖纲	
目：无尾目	
科：1	
种：347	

蛙科动物种类繁多，分布广泛。它们四肢长而有力，脚上有蹼膜，擅长跳跃和游泳。树蛙脚趾上有吸盘，可帮助它们垂直吸附在树皮上。皮肤上有腺体，不仅可保持身体湿润，还具有呼吸的功能。

Litoria caerulea
白氏树蛙

体长：10~15 厘米
保护状况：无危
分布范围：澳大利亚和新几内亚岛

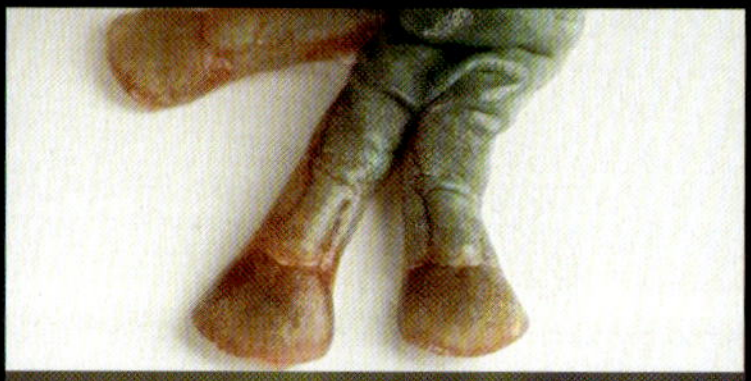

四肢进化
脚趾上带有吸盘，这使它们在树木与灌木丛中的生活更加便利。后肢脚趾几乎完全被蹼膜连接。

白氏树蛙的体形比其他树蛙要大得多。嘴巴十分宽大，连接脸部两端，因此人们也称它们为爱笑蛙。背部颜色为绿色或褐色，且带有白色斑纹，肚子为白色。眼球很大，可以在它们头部两侧看到两片耳膜。

白氏树蛙是夜行动物，白天会躲在植被之间，晚上则出来捕食。当它们感到生命受威胁时，会发出刺耳的求救声。繁殖一般在雨季进行，雌性一次可产 150~300 枚卵。

体色多变
根据周边环境与气温，它们背部的颜色可以是绿色或褐色的。

Phyllomedusa sauvagii
蜡白猴树蛙

体长：5~7 厘米
保护状况：无危
分布范围：阿根廷、玻利维亚、乌拉圭和巴西

蜡白猴树蛙生活在森林里的水流附近。体色为绿色，肚子上有白色斑纹。体表上的腺体会分泌蜡状物质，这些物质会遍布它们的身体，可预防皮肤干燥。因为它们像猴子一样，可完全适应树上的生活，所以得名蜡白猴树蛙。它们在雨季繁殖，但在这期间，它们不会离开树木。繁殖期它们会用层层树叶来搭建巢穴，再把卵产在巢穴中。之后它们体表会分泌出蜡状物质，以此把卵团黏附在漂浮于水中的树枝上，而当卵掉落后，便可在水里完成孵化，这些卵孵化为蝌蚪后，会一直在水里生活，直到完成变态发育。主要食物为小型昆虫，如蚂蚁和飞蝇。

两栖动物 25

Agalychnis callidryas
红眼树蛙

体长：5~7厘米
保护状况：无危
分布范围：墨西哥和中美洲

皮肤
背部与侧腹皮肤都十分平滑。

红眼树蛙背部颜色为绿色，肚子为白色，后肢长而细，擅于跳跃。脚趾为橙色且带有吸盘，可帮助它们吸附在热带林木上。深红色的眼睛可以用来吓退捕食者。红眼树蛙是夜行与树栖动物，在持久的水源地或因下雨而生成的小水塘里进行繁殖。雄性为了吸引雌性，会在靠近水的地方发出咯咯的叫声。交配时雌性与雄性会进行抱对，之后雌性会产下卵，而卵带有胶状物质，黏附在漂浮于水面的树叶上。

Tripion petasatus
鸭嘴树蛙

体长：5.5~7厘米
保护状况：未评估
分布范围：墨西哥

鸭嘴树蛙外形独特，头部形状像一个头盔，嘴巴长而扁平，像极了鸭嘴。鸭嘴树蛙栖息在森林或干燥的丛林里。体色有褐色、深绿色或灰色，四肢长而细，且内侧带有深色斑纹。鸭嘴树蛙是夜行与树栖动物。白天它们会躲在树洞或岩石缝隙里，身子置于内部而头顶住出口，这不仅可以防止身体水分流失，并与外部进行热交换，还可以躲开捕食者的追捕。

Hyla japonica
东北雨蛙

体长：3~4厘米
保护状况：无危
分布范围：日本、韩国、朝鲜、蒙古、中国和俄罗斯

东北雨蛙眼睛旁分别长着一道向两侧延伸的深色斑纹。背部皮肤光滑，而肚子皮肤呈颗粒状。脚趾上有吸盘，有助于其吸附在各个物体的表面。雄性东北雨蛙有黄色的婚瘤。

在寒冷的季节它们会冬眠。在繁殖期，雄性会发出求偶的叫声，把雌性引出水面。

Hyla versicolor
灰树蛙

体长：4~6厘米
保护状况：无危
分布范围：美国和加拿大

声囊
雄灰树蛙能胀大自己的声囊，使自己的叫声越发洪亮。

顾名思义，灰树蛙体色为灰色、褐色或绿色，易于在大自然中伪装。其实在蝌蚪时期，它们也具备了伪装的能力，那时它们很小，小到肉眼几乎看不见。背部通常带有斑纹。灰树蛙栖息在靠近水源且遍布沼泽的潮湿森林里。

白天它们会在树上休憩，到了夜晚才活动，会在树枝之间跳来跳去，寻找食物。通常而言，只有到了繁殖期或冬季，它们才会离开树木。它们会在森林地面上冬眠，一般用树叶、石头或者树皮作为遮挡物。冬眠期间，它们的身体会产生葡萄糖，葡萄糖传送到身体各个细胞，从而起到防冻作用。当气温回升，灰树蛙"解冻"后会重返到树木上生活。

Leptopelis uluguruensis
红眼宝石树蛙

体长：3~5厘米
保护状况：易危
分布范围：坦桑尼亚

红眼宝石树蛙栖息在热带或亚热带丛林或多山森林里，大部分时间都待在树上。雄性比雌性体形小，且繁殖期的叫声音量会提高。繁殖最终在水里完成，一般发生在潮湿的雨季，卵则产在潟湖或河流旁搭建的巢穴里。主要食物为小蟋蟀、虫子、蚯蚓等。人类农用地与居住用地扩张而导致的栖息地减少是红眼宝石树蛙面临的最大威胁。

大大的吸盘
长在脚趾上，有助于吸附。

Craugastor fitzingeri
林雨蛙

体长：3.5~5.3厘米
保护状况：无危
分布范围：中美洲和哥伦比亚

林雨蛙栖息于潮湿的低地和森林里。它们的居住地会根据一年四季而有所变化。当气候干燥的时候，它们会靠近山沟生活；气候湿润时，则选择待在森林里。黄昏时分，雄性会频繁鸣叫，四处寻找低矮树枝或灌木丛。林雨蛙既可以夜行，也可以昼行。它们会挖"隧道"，并可在其中存放多达50枚卵，卵由雌性负责保护。主要食物为八足类动物。皮肤上的蛙壶菌是它们的最大威胁。整个变态发育在卵内完成，没有蝌蚪阶段，当个体离开卵，便已孵化成形。

Eleutherodactylus achatinus
并行色卵齿蛙

体长：4.6厘米
保护状况：无危
分布范围：南美洲北部

并行色卵齿蛙是一种十分普遍的夜行性物种，数量稳定。通常出现在树林空地、草地、灌木丛或咖啡、香蕉及可可种植园，也可生活在海拔高的山地。白天它们会藏在石头或树干下。通常卵会产于地面或处于低处的植被上。作为直接发育的青蛙，它们的后代没有蝌蚪阶段，当卵孵化成功后，就是成形的青蛙。

Hylodes asper
巴西湍蛙

体长：3.5厘米
分布范围：无危
分布范围：巴西

信息
为了互相交流，它们会一次次地摆动自己的后肢，时而伸展，时而撤回。

行为
白天行动较为活跃。

巴西湍蛙栖息于低矮的热带或亚热带森林、山地及溪流旁。白天活跃，食物因年龄与个体大小而有所不同：成体巴西湍蛙主要吃大型的陆栖动物，而幼体主要吃小型陆栖或水栖动物。雄性巴西湍蛙是领地性很强的动物，会在高处捍卫自己的地盘。它们有自己特有的交流体系，通过发出刺耳的叫声交流，伴随叫声音量渐渐变大，它们的后肢会做出奇特的动作。巴西湍蛙的发育有蝌蚪阶段，即幼体从卵中孵化成蝌蚪，然后蝌蚪会在石多水静的溪流深处完成变态发育。因旅游业与水污染导致的栖息地减少是它们面临的主要威胁。

两栖动物 27

Rhacophorus nigropalmatus
黑掌树蛙

体长：9~10厘米
保护状况：无危
分布范围：泰国、马来西亚和印度尼西亚

四肢
脚趾末端有大大的吸盘，其吸盘大小在所有蛙类中排行第三。

黑掌树蛙的四肢强而有力，且有脚蹼，可在树木之间滑翔数米。脚蹼为黑色，而脚趾为黄色。头部长而宽，鼻子扁平，皮肤虽呈细小颗粒状但光滑无比，身体后部较为粗糙。黑掌树蛙栖息于热带森林的棕榈树与灌木丛里，鲜被人类发现。它们会在河流或湖泊旁用树叶与树枝建造巢穴，卵产于巢穴中，直到孵化成蝌蚪，之后游入水里完成变态发育。

Racophorus malabaricus
马拉巴尔飞蛙

体长：10厘米
保护状况：无危
分布范围：印度

身体
马拉巴尔飞蛙的身体后部会变得比较长而窄。

马拉巴尔飞蛙是一种大型树蛙，栖息于热带森林与灌木丛里。四肢带有宽大的红橙色脚蹼，一旦起跳，可在树梢之间完成长达9米多的跳跃。它们背部皮肤光滑，呈深绿色，肚子为淡黄色，鼻子较圆。雌性体形要比雄性大，雄性可发出蛙鸣声呼唤雌性进行交配。

马拉巴尔飞蛙会在水塘树叶下建造巢穴，雌性还会把卵产在那里，而雄性通过分泌泡沫来给卵提供精子。它们还会用更多的湿树叶来掩盖巢穴，让巢穴看起来像一个茧。一旦卵孵化成功，蝌蚪会游入水里完成变态发育。人类耕种导致的栖息地破坏是它们最大的威胁。

Triprion petasatus
鸭嘴三腭齿蛙

体长：5~7厘米
保护状况：未评估
分布范围：墨西哥南部和中美洲北部

鸭嘴三腭齿蛙头很大，鼻孔在背部。眼球突出，前肢细长，后肢粗壮，且后肢比前肢要短。细细的四肢上有长长的脚趾，脚趾上有大大的吸盘，可吸附在各种物体的表面。雄性有婚瘤，在抱对时用于紧抱住雌性。它们的嘴巴突出，上颌比下颌长一大块。侧腹与肚子皮肤呈小颗粒状，背部、下巴与四肢光滑，但头部与大腿除外。雌性呈肉桂色，且比雄性要大，雄性呈橄榄绿色，且带有黄色声囊。

Litoria infrafrenata
巨雨滨蛙

体长：10~14 厘米
保护状况：无危
分布范围：巴布亚新几内亚、澳大利亚北部和印度尼西亚

体表湿润
皮肤上有一层水膜，可进行气体交换。

巨雨滨蛙分布于热带，通体绿色，下唇有一条白色条纹，是地球上最大的树蛙。它们栖息于森林和花园里，主要吃昆虫与其他脊椎动物。

行为
巨雨滨蛙在炎热与潮湿的夜里活动，而白天它们会待在凉爽且阴暗潮湿的地方睡觉。它们发出的交配音听起来像是犬吠声。

繁殖
巨雨滨蛙的繁殖在春季与夏季进行，一般发生于水塘或其他浅水水域。繁殖期间，为了寻找在水里的雌性，雄性会从树上爬下来。在交配后，每只雌性可产下 400 枚聚拢成团的白色卵，而小蝌蚪会在 8 周后孵化出来。

脚趾
巨雨滨蛙的脚趾十分特别，末端扁平，带有吸盘，使它们可吸附在树叶或叶茎上。

适应环境
绿色的皮肤是巨雨滨蛙以及其他蛙类为适应环境而进化的力证。作为自然选择的产物，它们的体色与环境融为一体，发挥着极大的适应优势，绿色皮肤使它们不会轻易地被敌人或猎物发现。除了这一特点，自然选择的结果还为它们留下了许多其他的优势：潮湿的皮肤可进行体表呼吸，敏锐的视力便于捕捉猎物，还有长脚趾上的大吸盘，可帮助其爬树。

400 枚卵
这是每只雌性巨雨滨蛙的产卵数量。

皮肤
不同强度的阳光都可以对它们身体上的色素细胞造成不同程度的刺激，巨雨滨蛙凭此来改变皮肤色调。

攀爬
巨雨滨蛙大部分时间都待在树木或灌木的树枝上。纤长的四肢使它们可在树枝间轻松跳跃。因它们脚趾上的吸盘有强大的吸附功能，腿部肌肉也很发达，它们甚至可以爬上高达 10 米的树。

前肢
前肢有 4 个脚趾，脚趾上扁平的圆盘犹如强力的吸盘，有助于它们在垂直面上固定身体，用力爬升。

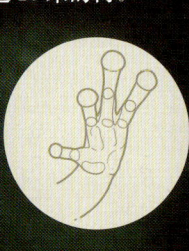

后肢
后肢有 5 个脚趾，并带有蹼膜，当它们进入水中时，脚蹼就像船桨一样帮助其游动。

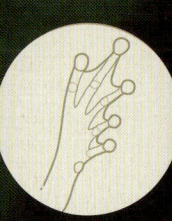

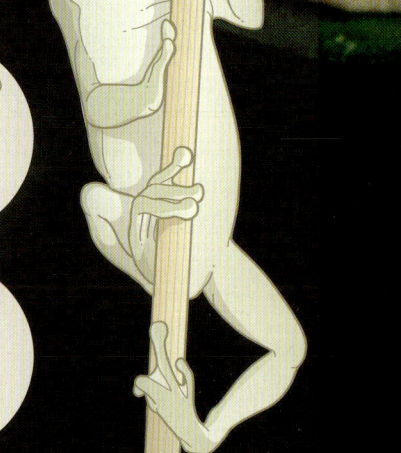

两栖动物 29

敏锐的视力
尽管在森林暗处，它们的眼睛还可捕捉光线并形成影像。

青蛙的眼睛

与鱼类的眼睛不同，两栖动物的眼睛有眼睑和腺体，起到保护与润滑的作用。和通过改变水晶体曲率直径来聚焦的脊椎动物也不同，两栖动物通过改变水晶体的位置来形成清晰的图像。

多色视觉
视网膜上有视杆细胞和视锥细胞，因此可形成多色视觉。

玻璃体
上眼睑
虹膜
视神经
角膜
瞬膜
眼外肌
水晶体
下眼睑

视觉调整
为了形成清晰的影像，根据所观察物体位置的变化，它们的水晶体会移动。

近距离的物体
远距离的物体

白色下唇
由于色素缺乏，下唇呈现白色，这是巨雨滨蛙的特点。

5万
50000只巨雨滨蛙在野生环境中生活。

澳大利亚树蛙

澳大利亚树蛙属于无尾目雨蛙科的雨滨蛙属，而雨滨蛙属下约有100种蛙。有些是水栖的，栖息于沼泽地，也有些生活在半湿润地区。大部分澳大利亚树蛙的体色为绿色，它们大部分时间都待在森林中的树木上。

四肢
灵活而有力，可在树枝间任意攀爬。

红眼雨滨蛙
（*Litoria chloris*）

白氏树蛙
（*Litoria caerulea*）

大雨蛙
（*Litoria splendida*）

水栖蛙

门：	脊索动物门
纲：	两栖纲
目：	无尾目
科：	3
种：	161

负子蟾科的成员都有脚蹼，没有舌头，背腹扁平。大部分汀蟾科成员有掘土习惯，瞳孔垂直。龟蟾科成员骨化程度小，它们和汀蟾科成员联系紧密，有许多相似之处，都是仅分布于澳大利亚、新几内亚岛和坦桑尼亚。

Pipa pipa
负子蟾
体长：5~20厘米
保护状况：无危
分布范围：非洲西北部

四肢
前肢有触觉器官而后肢带有脚蹼。

卵
多枚卵黏附在雌性背部，每枚卵都占据一个"小单间"，背部看上去就像一个蜂窝。

负子蟾头大且呈三角形，眼睛很小，瞳孔较圆。嘴巴上方有两个窄窄的鼻孔。扁平的身体呈灰绿色、褐色或橄榄绿色，布满疣状颗粒。两条灰色条纹横穿整个浅色的肚子。

前肢短而弱，后肢长而有力，擅于游泳。爪子上有如星状附属物的触觉器官，捕猎时用来抓住猎物。主要食物为甲虫等昆虫，脊椎动物与小型鱼类，负子蟾进食时会猛地扑向它们。繁殖一般在气温上升且水位上涨时进行，经历蝌蚪发育阶段。雄性会紧紧贴住雌性的背部，一起跳入水里。雌性可在水面上产下60~100枚卵，雄性负责使卵受精，之后再把受精卵黏附到雌性皮肤上。这些受精卵将在12~20周之间完成孵化。完成完全变态的个体约长2厘米。和所有负子蟾科成员一样，负子蟾仅生活在水里。它们通常出现在混浊的河底、池塘与沼泽地里，每隔30分钟就会浮出水面呼吸空气。

Xenopus laevis
非洲爪蟾

体长：5~12厘米
保护状况：无危
分布范围：非洲中部和西南部。被引入美国、墨西哥、智利、法国、意大利、印度尼西亚和阿森松岛

在负子蟾科中，非洲爪蟾的特点在于其后肢的5个脚趾中的3个是短爪，用来挖泥与躲避捕食者。身体扁平，背部多色，带有橄榄绿色、灰色或褐色斑纹，肚子呈白色。雌性有泄殖腔，体形是雄性的2倍。交配一般发生在夜晚，不分季节，一年甚至会交配4次。尽管雄性没有声囊，但是仍能发出叫声。产卵需4~5小时，上百枚黏黏的卵一般黏附在水生植物上。

完成完全变态，即从产卵到发育成成体需要6~8周的时间。主要食物为节肢动物、小型鱼类与有机废物。它们可通过敏感的嗅觉及脚趾和身体两侧的触觉器官来判断物体是否可食。它们没有舌头，但可通过鳃泵来捕食猎物。

非洲爪蟾栖息于温暖且植被丰富的水体里，即便埋在泥里好几个月也不会有生命危险。

外形
头呈三角形，无眼睑。

Pseudophryne corroboree
科罗澳拟蟾

体长：2.2~3厘米
保护状况：极危
分布范围：澳大利亚南部

防御体系
通过皮肤分泌毒液是它们的防御手段之一

与龟蟾科其他成员不同，科罗澳拟蟾背部、四肢与侧腹有若干条明亮的黄色条纹。皮肤有少量疣状颗粒。繁殖期相对较短，一般在1~3月之间。雄性会在洪灾泛滥的雨季挖一个深深的洞，并置身其中向外发出蛙鸣；被"歌声"吸引的雌性在起初的2~4周会在洞口外面产下10~38枚卵。它们会很有耐心地等待猎物靠近，主要食物为蚂蚁、白蚁、甲壳虫与螨虫。蝌蚪主要吃水藻与其他有机物质。

Limnodynastes peronii
条纹汀蟾

体长：4.5~7.5厘米
保护状况：未评估
分布范围：澳大利亚东岸

条纹汀蟾属于汀蟾科，它们区别于其他蛙类的特点在于其身上深色的不规则条纹。背部中间有一条淡色条纹，而另外两条条纹从双眼一直延伸至前肢底部。皮肤光滑，呈亮褐色或灰色。腹部呈白色，但雌性的喉部带有黄色斑点。虹膜为金色与褐色相间。鼻子较尖，后肢较长但无脚蹼，雄性前肢比雌性粗壮。它们栖息于水体附近，如湿地。它们夜间活动，白天会躲在树干、岩石或落叶下。

交配发生于气候温热的月份，一般是8月至次年3月。雄性发出短促而重复的叫声，听上去像小鸡在叽叽叫。

雌性体重比雄性轻，在平静的河水或湖水旁产700~1000枚卵，这些卵由一团泡沫包裹着，散落在植物之间（澳大利亚南部的雌性除外，它们不会为卵团搭建泡沫巢穴）。一旦孵化成功，蝌蚪会游向水里。有的小蝌蚪约6.5厘米长，呈褐色或银灰色，通常会排成一列长长的蝌蚪阵。

它们对任何掉入嘴里的食物都来者不拒，包括小青蛙。栖息地破坏与人类城市化发展是该物种面临的主要威胁。

玻璃蛙

门:	脊索动物门
纲:	两栖纲
目:	无尾目
科:	绿骨蛙科
种:	149

该蛙类腹部皮肤呈透明状，因此被命名为玻璃蛙。我们透过其皮肤可清晰地看到它们的内脏。这种无尾目动物是中美洲与南美洲北部的特有物种。它们脚趾上有大大的吸盘，体长一般不超过6厘米。

Hyalinobatrachium valerioi
网状玻璃蛙
体长：1.95~2.6厘米
保护状况：无危
分布范围：中美洲南部和南美洲西部

网状玻璃蛙皮肤呈绿色网状，伴有黄色大圆斑与黑色小斑点。头宽鼻平，虹膜呈金色。

后肢上有脚蹼，雄性拇指上有白色婚瘤。夜行动物，栖息于潮湿的森林，通常待在灌木丛中。发情期间，雄性的领地观念与进攻性会变得很强，它们会在树叶下发出缓和的蛙鸣声，我们称之为交配音。而被叫声吸引的雌性会慢慢靠近雄性，产下25~40枚卵后离开。但雄性会继续发出交配音，直到有7只雌性完成交配。雄性使每个卵团都受精后，会持续一整天看护它们，保持卵团湿润且防止它们被其他动物吃掉。刚出生的小蝌蚪长约1.2厘米，背部与尾巴有褐色斑纹，而两鳍颜色较为明亮。

伪装与防御
因背部颜色与树叶颜色十分相近，可瞒过捕食者的眼睛。

透明的皮肤
若观察它们半透明的腹部，可看到内脏与红色的腹部静脉。

Hyalinobatrachium pellucidum
玻璃蛙
体长：1.2~1.7厘米
保护状况：濒危
分布范围：厄瓜多尔

玻璃蛙属绿骨蛙科。因皮肤缺乏色素，身体呈透明状，可清晰地看见其内脏，因此人们称其为水晶蛙或玻璃蛙。玻璃蛙是厄瓜多尔的本土物种，目前有3个地方记录了它们的存在：阿苏埃拉河、萨拉多河和瑞彼达多河，这3条河流均位于厄瓜多尔的纳波省，即安第斯山脉到亚马孙河的过渡地带，海拔约1740米。

玻璃蛙是树栖与夜行动物，但有关该动物的生态学知识人们知道的并不多。据猜测，雌性把卵产于河岸植被上，幼体则在水里完成发育。自然栖息地的毁坏是它们面临的最主要的威胁，例如，小农场的建立还有木材行业的迅速发展，使从前空气清新的森林变得云雾弥漫。尽管玻璃蛙属于濒危动物，但目前并未出台相关的保护条例。

红腹铃蟾

门：	脊索动物门
纲：	两栖纲
目：	无尾目
科：	铃蟾科
种：	10

铃蟾科有两个属：铃蟾属和巴蟾属，分布于欧洲和亚洲。铃蟾属的成员腹部带斑纹，呈红色、橙色或黄色。此外，铃蟾属动物的发声习惯也与其他无尾目动物有所不同，雄铃蟾发出叫声时是靠吸气，而其他无尾目动物发声时则是呼气。

Bombina bombina
红腹铃蟾

体长：2.6~6 厘米
保护状况：无危
分布范围：欧洲中部

铃蟾科动物中红腹铃蟾的体形最大。腹部颜色极具设计感，亮红色与橙色相间，夹带蓝黑色大斑纹以及无数小白点。当它们遇到威胁时会摆出特有的防御姿势：肚皮朝上，双手抱眼。背部颜色因栖息地环境而异。在陆地上，皮肤呈深灰色并带深色斑纹；在水里，皮肤则呈亮石绿色且鲜有斑纹。皮肤上有大量疣状颗粒，后肢有脚蹼。雄性头部比雌性要大，带有内部震动腔，繁殖期间在前肢的某些脚趾上带有黑色婚瘤。

红腹铃蟾作为昼行动物，栖息地类型多样，有草原、阔叶林、灌木丛、湿地和平静的淡水水体。繁殖期是春季和夏季。黄昏时分，雄性从水面或水底下发出鸣叫声。交配之后，雌性产下 80~300 枚卵，并把卵团黏附在植物茎秆上，一个卵团有 10~40 枚卵。蝌蚪吃水藻，而成体红腹铃蟾吃大量的无脊椎动物。气候寒冷时，它们会在水体淤泥下或陆地上的巢穴中进行冬眠。

Bombina variegata
多彩铃蟾

体长：2.8~5.6 厘米
保护状况：无危
分布范围：欧洲中部

橄榄绿色的背部带有深色斑纹，灰蓝色的腹部带有黄色或橙色斑纹，这是多彩铃蟾的特别之处。背部长满突起的疣状颗粒，而腹部相对较少。雄性的 3 个脚趾与前肢都有婚瘤。多彩铃蟾是陆栖及夜行动物，栖息于植被茂密的淡水水体里。气候寒冷的季节里它们会在树洞里或者岩石、树干下的巢穴里冬眠。生活在温暖水体的多彩铃蟾在冬季通常会比较活跃。雄性没有声囊，因此，蟾鸣声比较舒缓微弱。雌性会产下 3~4 个胶状团，而每个团包裹着 2~30 枚卵，黏附在河岸的植被上。

多色斑蟾及其他

门	脊索动物门
纲	两栖纲
目	无尾目
科	3
种	565

蟾蜍科斑足蟾属的蟾蜍，因其多彩的皮肤，被称为多色斑蟾，它们栖息于中美洲与南美洲北部。沼蟾科属蟾蜍为南非所特有，被称为幽灵蛙，会蜕皮。锄足蟾科的成员位于欧洲东南部和高加索地区，其特点在于距骨和跟骨相连，舌头有舌骨。

Atelopus zeteki
泽氏斑蟾

体长：3.5~6.3 厘米
保护状况：极危
分布范围：巴拿马

泽氏斑蟾是蟾蜍科下斑足蟾属中毒性最强的蟾蜍。背部亮黄色的皮肤上有很多大块的黑斑，这是它们鲜明的特点。体细四肢长。性别二态性，具体表现为：雌性体形明显比雄性要大许多。

泽氏斑蟾又分为两种，一种栖息于潮湿森林里的湍急水流中，通常我们可以在高于3米的瀑布旁长满青苔的岩石间发现其踪迹；而另外一种，体形比较小，分布在气候干燥的森林陆地上。繁殖期间，为了响应雄性发出的交配音，雌性会把一连串奶白色的卵产在岩石上，通常第一个卵团的外层胶状物质最为丰富，雌性会持续产下卵团，卵的数量甚至可达600枚。起初几天蝌蚪完全呈白色状态，带有吸盘，可吸附在岩石上避免被水流冲走。

它们的社交行为特别丰富，可以通过前肢的一连串动作进行交流，例如手势是在画波浪，则表示它们态度积极并有进攻意图。

栖息地减少、环境污染、泛滥的捕猎以及壶菌病的感染构成了它们最主要的威胁，因此，目前泽氏斑蟾的数量呈现减少趋势，保护状况属于极危。

防御机制
泽氏斑蟾最主要的防御手段是分泌一种称为泽氏毒素的神经毒素，且一只泽氏斑蟾足以毒死1200只老鼠。

Heleophryne regis
勒吉沼蟾
体长：4.5~5.5 厘米
保护状况：无危
分布范围：南非

勒吉沼蟾身体扁平，眼球大，瞳孔垂直。因脚趾呈三角形，可以把脚趾插入到岩石缝隙中，从而避免被水流冲走。后肢脚蹼有游泳功能。它们栖息于荒原和温带森林的湍急河流中。繁殖期开始于水位下降时，因为这时有助于卵和蝌蚪的生存。

Heleophryne rosei
罗斯沼蟾
体长：5~6 厘米
保护状况：极危
分布范围：南非

罗斯沼蟾背部颜色呈苍绿色，带有紫褐色斑纹。身体肥大而结实，带有肉刺，交配时用于增强摩擦力从而紧抱对方。后肢趾间带半蹼。最常见的栖息地是山林中急流附近的陡峭岩石里。罗斯沼蟾是夜行动物，白天通常躲起来。

Pelodytes punctatus
斑点合跗蟾
体长：3.4~4.5 厘米
保护状况：无危
分布范围：西班牙、法国、意大利和葡萄牙

斑点合跗蟾身体纤细而灵活，擅长攀登与跳跃。头部扁平，嘴巴尖，眼睛虹膜呈金色，垂直瞳孔呈黑色。

斑点合跗蟾背部颜色在亮灰色、奶白色与苍白色之间，并带有无数绿色圆点与斑纹。它们栖息地跨度大，从地中海沿岸再到海拔 1300 米的山地都可以看到它们的踪影。它们喜好待在硅质岩石上，对盐分有极强的容忍力。

接近繁殖期时，它们会转移到视野开阔的地方，最好从那里可以看到池塘、小溪流、湖泊或沼泽。繁殖期在春季和冬季，通常雨季会产卵。一个繁殖季，雌性可产 1500 多个卵团，每个卵团由 40~300 枚卵组成，黏附在水下生物上。据估计，胚胎发育与幼体发育最多需要 7~8 个月。它们一般是在黄昏时分或夜晚出来活动，主要捕食无脊椎动物。只有生活在最北边的斑点合跗蟾才会在天气寒冷的季节冬眠，但是持续时间不长。尽管它们目前数量充足，尚未濒危，但是栖息地的破坏（尤其是繁殖地）与碎片化分布导致其数量呈减少趋势。

Pelodytes ibericus
伊比利亚合跗蟾
体长：3~4.3 厘米
保护状况：无危
分布范围：西班牙和葡萄牙

伊比利亚合跗蟾背部颜色呈深灰色或橄榄绿色。背部皮肤有许多突出的橄榄绿色的椭圆形斑点。皮肤上的疣状颗粒从眼睛一直延伸至腰间。腹部白而光滑。有些伊比利亚合跗蟾背部有两道苍白色的条纹。

头部扁平，眼球突出，虹膜呈金黄色，垂直瞳孔呈黑色。后肢与脚趾十分长。有些个体的鼓膜可见。

伊比利亚合跗蟾，顾名思义，是伊比利亚半岛的特有物种，位于葡萄牙中部与南部、西班牙的安达卢西亚地区和巴达霍斯省。栖息地高度跨度十分大，从海边低地到海拔约 900 米的山地都可看到它们的踪影。全年行动活跃，而 11 月至次年 1 月是它们的活动高峰期，同时也是交配期。繁殖于浅的潟湖、季节性的小溪流或洪泛区。雄性发出的交配音由两种音调交替进行：第一种音调持续比较长，而第二种则重复好几次。一个卵团有 100~335 枚卵，由胶状团包裹着。一周之后，幼体孵化成功，小蝌蚪长约 4 毫米，并在 3 个月之内完成变态发育。

毒蛙

| 门：脊索动物门 |
| 纲：两栖纲 |
| 目：无尾目 |
| 科：3 |
| 种：591 |

箭毒蛙科成员被称为毒镖蛙或箭毒蛙，是中美洲与南美洲的特有物种。皮肤呈色彩斑斓的警戒色，捕食习惯使它们积累了各种各样的毒性生物碱。香蛙科，分布于中美洲与南美洲，总共有6个属。而曼蛙科是马达加斯加特有的物种，种类多样。这3个科的物种均属于树栖性毒蛙。

Mantella aurantiaca
金色曼蛙

体长：1.9~2.6厘米
保护状况：极危
分布范围：马达加斯加

金色曼蛙十分容易辨认，背部皮肤呈橙黄或橙红色。腹部皮肤亦是如此，但色调稍微淡一些，通常呈半透明色。四肢皮肤为红色，脚趾带有黏性趾垫。虹膜呈黑色，但在上方有一块金色小点。

金色曼蛙是昼行动物，吃很多种类的昆虫。雄性一般比雌性体形要细小，相比其他物种的雄性，蛙鸣频率比较低。

保护状况

森林栖息地的减少是金色曼蛙面临的主要威胁，目前它们分布在各个碎片化的环境中，总面积还不到10平方千米。此外，因为自然资源的过度开发，成年金色曼蛙的数量呈减少趋势。

Mantella viridis
绿色曼蛙

体长：2.2~3厘米
保护状况：濒危
分布范围：马达加斯加

绿色曼蛙背部颜色呈明亮的灰绿色或黄绿色，腹部呈黑色，带蓝色斑纹，一条白色条纹从肩部延伸至鼻尖。绿色的四肢亦带有白色条纹，没有脚蹼。虹膜下半部为黑色而上半部为金色。它们是昼行动物，仅存于马达加斯加，栖息于气候稍干燥的森林中。主要食物为被散落在地上的成熟果实吸引来的昆虫。在天气寒冷的季节，成体绿色曼蛙会待在几乎干涸的季节性溪流沿岸。雄性发出的鸣声有两种轻柔且短促的音调，雌性在岩石或树干下产15~60枚黄绿色的卵。

Allobates femoralis
霓股箭毒蛙

体长：2.8~3.5厘米
保护状况：无危
分布范围：南美洲北部

霓股箭毒蛙身上有两条引人注目的纵向长条纹，一条呈黑色或深褐色，位于背部上方；而另外一条颜色较深的位于背部侧面。一条白色细线，从嘴巴延伸至腿下，位于两条长条纹之间。四肢呈褐色，臀部有月亮形状的橙色块。腹部呈白色，有黑色斑点。

霓股箭毒蛙是昼行与陆栖动物，通常出现在水塘旁的湿黏陆面上。主要食物为昆虫：成体蛙主要吃甲虫、蚂蚁、蟋蟀和蟑螂；幼体主要吃跳虫。

繁殖发生于坚实的地面上。雌性会在树叶堆里产下20多枚卵。孵化成功后，小蝌蚪由雄性驮在背上游入水里。雄性具有领地观念，会保护树叶堆里的所有卵和小蝌蚪。在雌性产卵前2~3天，雄性就开始求偶了。

两栖动物 37

Oophaga pumilio
草莓箭毒蛙

体长：1.7~2.4厘米
保护状况：无危
分布范围：中美洲南部

草莓箭毒蛙色彩艳丽，通常呈亮红色并带有小黑点。腹部颜色有深红色、红色、蓝色、白色或青铜色，四肢颜色为深蓝色且也带黑色小斑点。栖息于岛上的草莓箭毒蛙体色十分特别：全身呈蓝色，或全身呈橄榄绿色，又或者上半身呈橄榄绿色而下半身呈白色。虹膜颜色为黑色。雄性总共会发出4种有明显差异的蛙鸣声，并在捕食或发情的时候以此来与其他雄性交流。草莓箭毒蛙之间实行多配偶制，即一夫多妻或一妻多夫的交配模式。雌性会在树叶堆里产3~5枚卵，而雄性负责保护这些卵的安全，并时刻使卵处于湿润状态。蝌蚪的变态发育完成时间为6~8周。

草莓箭毒蛙栖息于大西洋沿岸潮湿的低地上，如热带雨林的低矮灌木丛中。主要食物为无脊椎动物，尤爱蚂蚁。草莓箭毒蛙会摄入蚂蚁身上的蚁酸并合成为一种称为"*pumiliotoxin*"的神经毒素，而该毒素的命名恰恰与草莓箭毒蛙的学名有关。

照顾小蝌蚪
小蝌蚪被成年雌性或雄性草莓箭毒蛙驮在背上，直至寻找到富含水分的凤梨科植物才会被放下。雌性会把未受精的卵作为食物喂给小蝌蚪。

声囊
只有雄性才有声囊。为了捍卫或争夺领地，它们会胀大自己的声囊，以示进攻。

Dendrobates azureus
钴蓝箭毒蛙

体长：4~6厘米
保护状况：无危
分布范围：巴西北部、苏里南和圭亚那

皮肤变色
青春发育期间皮肤颜色变化十分明显。

钴蓝箭毒蛙在不同年龄段会呈现不同的皮肤颜色。成体蛙为深蓝色，侧腹与肚子为亮蓝色，背部布满黑色椭圆状斑点。性别二态性主要体现在体形上：雄性比雌性小，但脚趾吸盘大。尽管钴蓝箭毒蛙能爬上5米高的树，但大部分时间它们都待在岩石或苔藓上。当雄性发出交配音后，繁殖期也就正式开始了。雌性被雄性的蛙鸣声吸引，直被引导到雄性已选好的产卵地，之后在那里产下2~6枚卵，卵在2周后孵化出来，而雌性与雄性会把小蝌蚪运到凤梨科植物旁。它们主要吃节肢动物，并从中提取出必需物质用来合成毒素。

Dendrobates auratus
迷彩箭毒蛙

体长：4.5~7.5厘米
保护状况：无危
分布范围：中美洲及其南部

迷彩箭毒蛙是哥斯达黎加体形最大的箭毒蛙，其特征在于它们迷彩色的皮肤。背部呈黑色，带有亮蓝绿色的斑点，暗色腹部上的斑点有白色、黄色与蓝绿色。

它们栖息于加勒比海沿岸的森林深处。胆子很小，擅长攀爬，白天扑向猎物时只须纵身一跳。

雌性被雄性的蛙鸣声吸引，在树叶堆下产4~6枚卵。一夫多妻制，即一只雄性可与多只雌性交配，雌性负责照顾卵，既要保持卵团湿润，又要帮它们清理菇菌。小蝌蚪一出生，雄性就会把它们驮在背上，直到找到一个池塘才把它们放下，让它们在池塘中完成变态发育。

全球性与地方性蛙

门：	脊索动物门
纲：	两栖纲
目：	无尾目
科：	4
种：	492

姬蛙科是无尾目动物中属种最多的一科，它们分布于全球，为陆栖或树栖动物。根据 DNA 分析，紫蛙科与塞舌蛙科有亲密的亲缘关系；紫蛙科的唯一代表成员位于印度，而塞舌蛙科中的 4 个物种是马达加斯加北部的塞舌尔群岛的特有物种。智利蟾科，顾名思义，则是位于智利的特有蟾科。

Nasikabatrachus sahyadrensis
紫蛙

体长：5.4~9 厘米
保护状况：濒危
分布范围：印度

紫蛙是紫蛙科的唯一物种，皮肤光滑，背部呈紫黑色，腹部灰色。它们的身体结构跟其他的无尾目动物有很大的差别：紫蛙身体异常肿胀，四肢短而肥大，头与身体几乎融为一体，尖尖的口鼻末端有一块白色突起。它们的嘴巴贴近腹部，下颚灵活，在捕食时会伸出细而短的圆舌头。蚂蚁和白蚁是它们的主要食物。当它们做吞食动作的同时，也会用灵敏的口鼻来寻找新猎物。紫蛙是印度的特有物种，栖息于次生林与豆蔻灌木丛里松散、潮湿且通风的地面上，通常靠近季节性或永久性水流。紫蛙有掘地的习惯，可挖垂直距离为 1.3~3.7 米深的巢穴，并且它们一年大部分时间就待在巢穴里。交配期间，紫蛙会在溪流或池塘岸边与同类会合。抱对时，雄性通过皮肤分泌的黏性物质紧紧贴在雌性身上。受精卵会被产在水里。

造成紫蛙濒危的主要因素是农业发展导致其自然栖息地的减少与破坏。

后肢 脚爪有蹼膜。
前肢 有铲形的结节。

Scaphiophryne gottlebei
红犁足蛙

体长：2~4 厘米
保护状况：濒危
分布范围：马达加斯加

红犁足蛙的背部色彩斑斓，有红色、绿色和黑色斑纹。腹部有些粗糙且呈灰色，四肢虽短，但后肢粗壮且带脚蹼，跖骨带结节，有助于掘地挖穴；前肢带脚爪，可助其攀爬岩石。雌性体形比雄性要大，且色彩比雄性要亮丽。昆虫是它们的主要食物。雨季时雄性在小池塘中的岩石上发出蛙鸣声，意图吸引雌性进行交配。蝌蚪在水里完成孵化，变态发育需 2~3 周，为了吸取养分，小蝌蚪会把头埋入小池塘底部并摄食其中的碎屑。

红犁足蛙被抓来当宠物养且被捕后死亡率高，这是它们面临的主要威胁。

Cophixalus ornatus
饰纹蛙

体长：2.5 厘米
保护状况：无危
分布范围：澳大利亚东北部

饰纹蛙色彩斑斓，体色为米白色或深褐色，但基本色调为红色。在背部皮肤上有突起的小结节与皱褶。它们夜晚活动活跃，白天则躲在热带丛林的树干或岩石下。雄性在地面或低矮的树木或灌木上发出蛙鸣。而雌性会选择一块安全且隐秘的地方产卵，产卵数量为11~22 枚，而所有产下的卵群一般呈链形。雄性负责保护卵。

Dyscophus antongilii
番茄蛙

体长：6~10.5 厘米
保护状况：近危
分布范围：马达加斯加

番茄蛙背部呈亮丽的红橙警戒色，这是它们特有的外形特征。腹部呈白色，有些个体在喉部有黑色斑纹。番茄蛙通过皮肤分泌带黏性的毒素来捕食。在夜间，雄性发出交配音。繁殖一般会规律性地发生在下雨之后。交配之后，雌性在水面上可产下 1000~1500 枚卵，而卵会在 36 小时之后完成孵化。番茄蛙主要通过静静地伏击来捕食小型无脊椎动物。

Calyptocephalella gayi
盖氏智利蟾

体长：20~32 厘米
保护状况：易危
分布范围：智利

盖氏智利蟾是智利的特有物种，平均体重约 500 克，但最大的可达 3 千克，是智利国内体形最大的两栖动物。盖氏智利蟾身体肥大且头部宽扁。背部颜色有黄色、绿色及咖啡色，并带有不规则斑纹；腹部呈黄白色。它们作为水栖动物，栖息于安第斯山麓下的平静河道或大池塘里。主要食物为鱼类、甲壳动物、小型哺乳动物与两栖动物，甚至包括自己的同类。

雌性体形比雄性大许多，在完成交配之后，会在湖泊或池塘里产下上千个由胶状团包裹着的受精卵。

智利巨蛙面临的最大威胁是水污染和人类的滥捕。人类捕捉它们要么食用，要么用来当作宠物。此外，人们为规划农业用地或居住地，把鲑鱼引入到水道或湖泊里，而这些地方恰恰是盖氏智利蟾的栖息地，这也是它们面临的威胁之一。

Elachistocleis ovalis
卵形蛙

体长：4~4.5 厘米
保护状况：无危
分布范围：南美洲东北部

卵形蛙身体呈细椭圆形，头部十分小且呈三角形，皮肤光滑。它们栖息于热带丛林和温带草原，偏好独居，一般待在树叶堆或枯树洞里。繁殖期开始于春季，雌性会把卵产在水里。

Gastrophryne carolinensis
东方狭口蟾

体长：2.2~5.3 厘米
保护状况：无危
分布范围：美国东南部、巴哈马和开曼群岛

水滴形的体形是东方狭口蟾的特点。它们头部尖尖的，嘴巴很小，因此得名东方狭口蟾。皮肤光滑，背部颜色有红色、灰色、褐色与橄榄绿色，颜色根据所在环境和所进行的活动而有所不同。它们有掘土行为，后肢的皮肤突起可帮助其挖泥。75% 的食物由节肢动物构成，主要吃蚂蚁、甲虫和白蚁，同时也吃螨虫、蜘蛛与蜗牛。夜晚雄性身子全探出或全露出泥沙，发出叫声；发声尖锐且富穿透力，就像绵羊在叫。抱对时，雄性会分泌出黏性物质，从而紧贴着雌性进行交配。雌性会把胶状团包裹着的卵产在水面或植被上。

蟾蜍

| 门：脊索动物门 |
| 纲：两栖纲 |
| 目：无尾目 |
| 科：4 |
| 种：756 |

蟾蜍科成员有可释放毒液的腮腺。胯腺蟾科是南美洲特有的物种，其特点是会照顾自己的后代。锄足蟾蜍属于北美锄足蟾科，有掘土行为；而头大、嘴大则是角花蟾科成员的特点。

Bufo bufo
大蟾蜍

体长：5~9厘米
保护状况：无危
分布范围：欧洲和非洲北部

大蟾蜍身体布满褶皱，可释放毒液，抵御捕食者。背部可根据环境而改变颜色，可以是灰色、褐色或绿色，雄性带有深色斑纹，而雌性的斑纹色泽则偏红色。腹部呈灰色。大蟾蜍分布极广，可在各种栖息地生活，但全都离不开水。

大蟾蜍的食物十分多样化，有蜘蛛、蚯蚓、蛞蝓、蜗牛、小青蛙与各种昆虫。捕猎时，它们会蹲坐在地上耐心等待猎物靠近。它们春季开始迁徙，到了冬季就会停止迁徙，进入冬眠。而再到春季的时候，它们会再次开始迁徙，会在池塘里进行繁殖。有时候，甚至会出现10只雄性为了争夺和1只雌性的交配权而展开激烈争斗的场面。当卵一枚枚地慢慢产下，雄性会射出精子来完成受精过程。由胶状团包裹的卵团结成一大串，约达1500枚，卵团黏附在植物上。

眼睛
铜色水平瞳孔。

后肢
比前肢长，5个脚趾之间带有蹼膜。

繁殖
繁殖期间雄性之间的争斗十分常见，有时候甚至10只雄性为了1只雌性争斗。

Rhinella schneideri
洛可可蟾蜍

体长：14~25厘米
保护状况：无危
分布范围：南美洲中部和东部

身上长满锥形的疣状颗粒和球状的棘刺，宽宽的头部上方有头冠和粗糙的眼窝。四肢短，后肢有胫骨腺，可释放毒液。背部呈黄褐色而腹部和喉部呈白色且带有深色圆点。雄性在拇指上有婚瘤，背部带有许多黑色斑纹。洛可可蟾蜍为陆栖与夜行动物，通常会待在巢穴里，有时会爬到岩石上或植物根部表面。它们会靠近人类的住所，目的是捕食被人类光源吸引而来的昆虫。它们是为数不多的可在干燥季节繁殖的蟾蜍。雌性把一连串由胶状团包裹的卵产在植被上。

两栖动物 41

Epidalea calamita
黄条背蟾蜍
体长：5~7厘米
保护状况：无危
分布范围：欧洲西部

黄条背蟾蜍，顾名思义，背上有一条黄色条纹。其他无尾目动物会用跳跃或行走完成位移，但是黄条背蟾蜍却是用跑的方式移动。它们栖息于温度较高的洞穴里，活跃度在夜间达到高峰。食物为昆虫，偏爱飞蛾和介壳虫。

抱对发生于阳光充足的浅水区。雌性可产1500~7500枚卵，卵在1周内可完成孵化。完全变态发育需要8周。

后肢
比前肢短许多。

Ceratophrys ornata
钟角蛙
体长：9.8~14厘米
保护状况：近危
分布范围：阿根廷中部和东北部、乌拉圭和巴西东部

钟角蛙硕大的嘴巴几乎占据整个身体的1/3。眼睛上方有两处突起的角。皮肤通常为亮绿色并带褐色斑纹。雨季是繁殖期的开始。雌性把卵产于水体深处，小蝌蚪还可以在水里或水外发出求救的叫声，这是这一物种特有的能力。

Proceratophrys boiei
波氏原突角蟾
体长：4~7.4厘米
保护状况：无危
分布范围：巴西东部

角
在它们的上眼睑上方长着针形的角。

波氏原突角蟾头扁而长，身体肥圆，背部布满褶皱而腹部长满疣状颗粒。上半身为褐色，喉部呈灰色。它们栖息于河道旁或树林里的落叶堆里。整个春天，雄性都会发出鸣叫，它们有声囊。雌性会把卵产在水里。

Ceratophrys cranwelli
南美角蛙
体长：8~13厘米
保护状况：无危
分布范围：阿根廷、玻利维亚、巴西和巴拉圭

南美角蛙背部呈绿色且带褐色斑纹，也存在其他呈黄色带橙色斑纹的个体。

主要食物为昆虫、鱼类、青蛙与小型哺乳动物。南美角蛙擅长跳跃，为了捕食可跨越和其体长一样的距离，有时跨越的距离甚至是其体长的3倍。气候炎热的季节里，它们会生出一层新的皮肤层用来保持身体湿润。

Spea hammondii
哈氏旱掘蟾
体长：3.8~6.3厘米
保护状况：近危
分布范围：美国和墨西哥西部

哈氏旱掘蟾腹部呈白色或黄色。头部与身体较宽，眼睛为金色，垂直瞳孔呈黑色；夜行动物，有掘土行为。

繁殖发生于池塘或水流平缓的河道。雌性会把600枚卵黏附在这些水体中的植物上。孵化时间短，约5天；幼体也会吃其他的小蝌蚪，甚至包括自己的同类。

外形
背部呈绿色或灰色，皮肤布满橙红色突起。

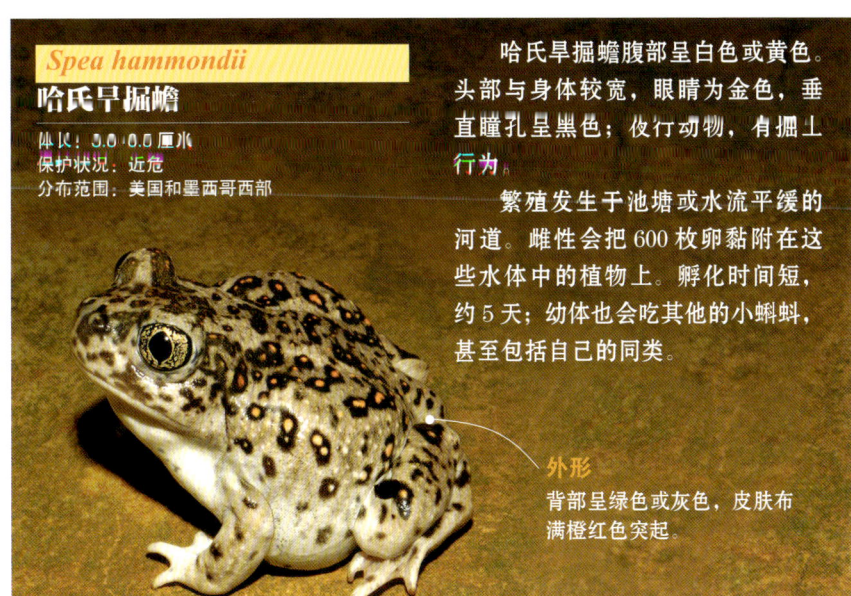

有袋蛙及其他

| 门：脊索动物门 |
| 纲：两栖纲 |
| 目：无尾目 |
| 科：2 |
| 种：107 |

产婆蟾科的特点在于雄产婆蟾在交配之后，会把卵黏附在自己的后肢上，一直到卵孵化。而扩角蛙科下5属中的4属也有独特的特点：背部有皮囊，用来装卵，直到卵发育成蝌蚪。

Alytes obstetricans
产婆蟾

体长：3.6~5.5厘米
保护状况：无危
分布范围：欧洲西南部

产婆蟾体形小却健壮，头大且眼睛也大，金色虹膜，金色垂直瞳孔，口鼻较圆，鼓膜虽小但可见。背部呈灰色、橄榄绿色或淡绿色，带绿色、红色与黑色斑点。皮肤呈疣状，有褶皱长在背部两侧。四肢短而有力，后肢带短脚蹼而前肢有掌骨结节。腋下和脚踝长有复杂的腺体。

产婆蟾的栖息地类型多样，但所有类型均带有平静的水流。它们会在黏土矿床上聚集成群。春季的夜里，雄性从自己的巢穴里发出交配音，被吸引的雌性会发出声音作为回应，并慢慢地靠近雄性，之后开始交配。雄性使卵团受精后，会把它们背在背上，时间长达3~6个月。当卵孵化后，雄性则把蝌蚪投入水里。

成体产婆蟾是肉食动物，通过静静地潜伏捕捉各种各样的节肢动物。蝌蚪摄食水生无脊椎动物、植物与腐肉。

亲代照顾
雄产婆蟾把卵驮在后腿之间的背部，可载约150枚卵。

颜色
腹部为白色，而喉部通常为灰色。

Alytes muletensis
马略卡产婆蟾

体长：3.5~3.8厘米
保护状况：易危
分布范围：马略卡岛西班牙

相对马略卡产婆蟾短小的身体，其四肢纤长，头大，金色眼球突出，瞳孔垂直。背部颜色为金色，带各种颜色的斑纹，如褐色、绿色与黑色。

大部分的马略卡产婆蟾在双眼之间带有黑色三角形纹路，腹部呈白色。

这一物种是马略卡岛北部的特拉蒙塔纳山脉所特有的，它们通常待在岩石缝隙下。夜间活动活跃，冬季无须冬眠。它们的繁殖行为与其他产婆科成员类似。雄性把受精卵卷到两腿之间，一直驮着直到它们孵化完成。

繁殖行为
雄性发出的交配音可促进雌性卵的成熟。

Gastrotheca monticola
赤囊蛙

体长：6厘米
保护状况：无危
分布范围：秘鲁北部和厄瓜多尔南部

两条橄榄绿色的平行条纹穿过整个背部，这是赤囊蛙的外形特点。它们的背部颜色为亮绿色，两侧为橄榄绿色，腹部呈灰色。眼睛的虹膜呈金色，平行瞳孔呈黑色。

赤囊蛙栖息于潮湿的山地森林、热带或亚热带山林里的临时湿地与沼泽中。

卵受精后，雄性会帮雌性把受精卵装到背部的皮囊里，而雌性通过背上邻近的血管组织为受精卵提供氧气。这种类型的蛙，我们称之为囊蛙。

当小蝌蚪要孵化出来的时候，雌性会跳进附近水体并把小蝌蚪投入里面。尽管赤囊蛙目前数量稳定并没有濒临灭绝的危险，但农业的发展破坏了它们的栖息地，这是它们面临的主要威胁。

Stefania percristata
哈瓦芬蛙

体长：6厘米
保护状况：数据不足
分布范围：南美洲北部

与其他芬蛙属物种不同，哈瓦芬蛙有额顶脊，且基底冠短小。它们头部长而扁，后肢脚趾有吸盘，用前肢跑动。作为夜行动物，它们栖息于委内瑞拉山顶的一块保护区里，或许巴西也有它们的踪迹。它们通常待在浅水河道旁低矮的树丛里。发育过程没有蝌蚪期，为直接发育，受精卵与幼体均由成体哈瓦芬蛙驮在背上。人们对哈瓦芬蛙的生物学知识与生态要求并不清楚，因此，目前无法定义该无尾目动物的保护等级。

Flectonotus pygmaeus
小碟背蛙

体长：1.5厘米
保护状况：无危
分布范围：南美洲北部

小碟背蛙背部呈灰色或绿色并带褐色小斑纹，眼睛很大，平行瞳孔，四肢很长，脚趾有吸盘。它们栖息于潮湿森林里凤梨科植物附近。

树栖与夜行动物，主要食物为昆虫。在交配之后，雌性产下约200枚卵，雄性为卵提供精子后，会用自己的后肢把它们推送到雌性背部的皮囊里。受精卵会一直待在皮囊里直到孵化。孵化前通过外鳃呼吸，孵化后外鳃则消失。

四肢
脚趾的第一趾比第二趾长，可以由此来把它们和其他物种区分开。

有尾目与无足目

有尾目动物有着发达的尾巴、短小的四肢与细长的身体，仅生活在潮湿环境里，尤其是北半球的温带地区。作为神出鬼没的夜行动物，它们白天通常躲在湖底、河底或树干乱石之间。当夜幕降临时，它们便出来捕食。

什么是有尾目

有尾目动物与其他两栖动物最大的区别在于它们的成体保留着尾巴。有尾目各个物种之间的体形大小差异很大。它们的外形则让人想起了两栖动物的祖先。作为肉食动物，它们水陆双栖，但也有一些物种是完全水栖或完全陆栖的，甚至它们在幼体阶段就可以完全水栖或陆栖。

门：	脊索动物门
纲：	两栖纲
目：	有尾目
科：	9
种：	358

外形、生活习性与栖息地

有尾目动物身体细长，四肢相对短小，任何生长阶段均保留着一条长长的尾巴。有些物种四肢十分短小，甚至后肢完全消失不见。成体外形似蜥蜴，当四肢萎缩时则像鳗鱼。通常前肢有 4 个脚趾而后肢有 5 个。皮肤光滑湿润，布满腺体。有些有尾目动物体长不超过 4 厘米，而有些有尾目动物则体形硕大，如日本大鲵体长可达 1.5 米。

与无尾目动物不同的是，有尾目动物无法发出叫声。它们有着小而弯的牙齿，舌头通常是固定不动的，没有鼓室与鼓膜。幼体只有一根听小骨，即鼻小柱。对于已完成变态发育的个体，声音通过鼻小柱与小鳃盖骨传送，且小鳃盖骨可传送从肩胛骨发出的振动。

有些有尾目动物的骨盆带结构与鱼类的类似。原始有尾目动物躯干与尾巴肌肉形成小肌节，就像鱼类一样。这一特殊结构使它们即便在窄小的地方也能保持灵活游动。而未完全变态发育或根本没有变态发育的个体则会一直保留着鳃。大鲵与两栖鲵的鳃虽然短小，但仍

有尾巴
"Urodelo"在拉丁文中，就是有尾巴的意思。跟无尾动物不同，有尾目动物有发达的尾巴。

多样性

虽然有尾目动物种类相对较少，只有约 358 种，但是它们之间的形态与大小却有很大区别。有些只有几厘米大小，而有些却长达 1.5 米；有些有四肢，有些却只有两条腿。蝾螈皮肤光滑湿润，而欧螈皮肤干燥粗糙。许多蝾螈颜色艳丽抢眼，这是为了警告捕食者，它们并不是美味。

幼态持续

有尾目动物会保留幼体的状态特征,这一现象我们称之为幼态持续,由迟缓的变态发育导致。而发育迟缓的原因在于:甲状腺体功能丧失或因外部温度及碘缺乏而导致的甲状腺素不足或缺失。

墨西哥钝口螈
因身体产生甲状腺素而从幼体发育为成体,这一过程鳃会消失不见,而肺部会逐渐形成。

幼体

正常成体 ← 甲状腺素增加 | 甲状腺素不足或缺失 → 带幼体特征的成体

当蝾螈所在水体的水位下降而导致它们无法进行正常呼吸时,这也会导致这一身体变化。

幼态持续

保留一对鳃孔。有尾目动物的四肢、尾巴和上颌有再生能力。截肢后,在受伤的皮肤下面,被称为原基的细胞基团可促使肢体再生。这些细胞存在于软骨、肌肉与结缔组织的后面,但相之间又有所不同。在陆地上,有尾目动物通过四肢交替行走:首先挪动一只前肢,之后再挪动对面的后肢,就像蛇移动身体。水生有尾目动物没有用于游泳的脚蹼,或者说即便它们有也不发达。但是它们通过尾巴推动身体与四肢摆动来进行游泳,速度可以很快。幼体与成体有尾目动物均为肉食动物,它们食量惊人,可以吃很多种动物。美洲蝾螈主要吃昆虫与蜈蚣,而两栖鲵可摄食两栖类与爬行类的脊椎动物。

有尾目动物在天气寒冷的季节会进行冬眠。它们主要分布在北半球的温带、热带与亚热带地区,少部分在南美洲北部,澳大利亚和南极洲没有分布。尽管有尾目动物分布普遍,但我们很难看到它们。在北美洲的一些森林里,蝾螈的数量甚至超过了鸟类和哺乳动物。

繁殖与发育

除了个别情况,大部分有尾目动物是体内受精,但它们缺乏交配器官。有尾目动物的雄性可产生精囊,即一个胶状团包裹着精子群,而有尾目动物的雌性会寻找精囊并将它导入自己的泄殖腔内。为了实现这一交配目的,雄性与雌性必须同步进行,因此,它们之间还有一套复杂的"交配仪式",涉及视觉、触觉和化学刺激。当然最重要的是它们需要展示自己身体亮丽的部分,进行口鼻摩擦,有些还分泌刺激物。在这些行为中,一般是雄性进行一系列的吸引活动,但也有特例,人们发现在两栖鲵之间是雌性主动。雌性把受精卵产于石头底下并通过流动的水为它们供氧,而雄性会在水里照看卵的投放情况。陆栖性有尾目动物则会由亲代双方或其中一方照看卵。有些有尾目动物是胎生或卵胎生。

有尾目动物的生命始于水里,之后可发展为水栖动物或陆栖动物。许多有尾目动物重返水里仅仅是为了繁殖,例如欧螈。有尾目动物的变态发育不像无尾目动物那么明显,因此幼体的有尾目动物跟成体其实是比较相像的。幼体有外鳃与牙齿,在变态发育过程中有尾目动物首先长出前肢,这恰恰跟无尾目动物相反。

大鲵
(隐鳃鲵科)

体长超过1.5米,栖息于美国和日本。

亚洲陆栖性蝾螈
(小鲵科)

有55个物种,体长在10~20厘米之间。

斑泥螈
(洞螈科)

共有6个物种,有红色的鳃,眼睛很小。

鳗螈
(鳗螈科)

共有4个物种,细长的身体已能很好地适应水中生活。

蝾螈
(蝾螈科)

共有89个物种,分布于全球,色彩鲜艳夺目。

两栖鲵
(两栖鲵科)

共有3个物种,身体纤长,四肢短小。

奥林匹亚急流螈
(急流螈科)

共有4个物种,为美国所特有。

无肺螈
(无肺螈科)

共有418个美洲物种与2个欧洲物种,色彩鲜艳。

水栖蝾螈

| 门：脊索动物门 |
| 纲：两栖纲 |
| 目：有尾目 |
| 科：3 |
| 种：13 |

水栖蝾螈总共有 3 个科。洞螈科成员体形扁，有外鳃，人们称之为蝾螈。鳗螈科没有骨盆带与后肢，人们称之为鳗螈。隐鳃鲵科体形大，有隐藏的鳃裂。

Necturus maculosus
斑泥螈

体长：20~49 厘米
保护状况：无危
分布范围：北美洲东部

斑泥螈是最大的水栖蝾螈。体肥，呈褐色或黑色，且腹部有黄色斑纹。头宽而扁，眼睛小，尾巴短小，长在体侧，当斑泥螈游泳时，它们的尾巴起着舵的作用。四肢发达。雄性的泄殖腔旁有突出的乳头。

它们栖息于河流、湖泊和沼泽。作为夜行动物，斑泥螈在冬季水温低于 20 摄氏度时活动活跃；而到夏季时，它们会迁徙到一些低温水体。食物为昆虫、环节动物、软体动物、鱼类与两栖动物。

它们喜好独居，只有在交配时才会跟同类集合。繁殖期为秋冬季节。雄性释放精囊，而雌性把精囊存放在自己的泄殖腔里数月，直到春季即将结束时才会完成体内受精。雌性会在树干或岩石下挖一个小巢穴，产下 18~180 枚胶状团包裹着的受精卵。因水温不同，孵化需耗时 1~2 个月，在此期间，雌性会保护好受精卵，免得它们被捕食者夺走。

四肢
与其他水栖蝾螈不同，斑泥螈后肢脚趾只有 4 个，而不是 5 个。

头
头形扁，但眼睛后的头部较宽。

眼睛
眼睛小且没有睫毛，并不像其他蝾螈那样眼球突出

Proteus anguinus
洞螈
体长：30厘米
保护状况：易危
分布范围：欧洲中部

洞螈皮肤缺乏色素沉着，这是它们最大的特征。但因邻近真皮的毛细血管使得皮肤呈白色或粉色，透过半透明状的皮肤我们可看清它们的内脏。此外，洞螈带紫红色外鳃。眼睛特别不发达，因此，它们实际上是没有任何视力的。交配过程中，雄性释放精囊，雌性把精囊摄入自己的泄殖腔内，进行体内受精，然后雌性会在石头底下产12~70枚受精卵。雌性与雄性均肩负着照顾卵团的责任。有时候，雌性会特地把2~3枚卵留在体内，必要的时候这几枚卵可给受精卵团提供营养。

外观
头长嘴尖。

栖息地
洞螈生活在淡水岩溶地层的地下洞穴里。

Siren lacertina
大鳗螈
体长：50~98厘米
保护状况：无危
分布范围：美国东南部

大鳗螈是鳗螈科里体形最大的，身形纤长，呈橄榄绿色与灰色，背部和体侧带深色斑点。腹部呈淡灰蓝色并带绿色斑纹。它们没有后肢与眼睑，下颌骨有角质吻，终生不带鳃。夏季当水体水位下降甚至枯竭时，它们会把自己埋在土里，夏眠数月。大鳗螈摄食的食物多种多样，主要是软体动物。

Pseudobranchus striatus
矮鳗螈
体长：12~19厘米
保护状况：无危
分布范围：美国东南部

其他鳗螈的后肢带有4个脚趾，但矮鳗螈是唯一带3个脚趾的鳗螈科物种。深黑褐色斑纹与淡黄色斑纹交替平铺在其身体上。各种水生无脊椎动物是矮鳗螈的主要食物。它们栖息于翠柏林中的池塘里，可发出尖锐的叫声，与同属物种或其他物种进行交流。

Cryptobranchus alleganiensis
美洲大鲵
体长：30~74厘米
保护状况：近危
分布范围：美国东部

皮肤
皱而黏稠，呈褐色、灰色与黄色。

美洲大鲵体扁头宽，尾巴长且侧扁，眼睛小且无眼睑，背部有黑色斑纹，后肢带鳍，只有一个鳃裂，没有外鳃。作为夜行与完全水栖动物，它们通常栖息于岩石基底的寒冷水体里，白天时躲在洞穴或岩石缝隙里，晚上则出来寻找食物，主要吃软体动物、虫子、螃蟹与小型鱼类。繁殖发生于夏末秋初。多只雌性会共享一块产卵地，一块产卵地约有2000枚卵。

Ambystoma mexicanum
墨西哥钝口螈

体长：25~30厘米
保护状况：极危
分布范围：墨西哥霍奇米尔科和奇格纳瓦潘湖

墨西哥本土物种
该钝口螈是墨西哥城旁的湖泊中特有的物种。

墨西哥钝口螈是纯水栖动物，主要通过鳃来呼吸，通过扩鳃来获取大部分的氧气。

觅食
幼体钝口螈吃水藻，而成体有肉食习惯，通过嘴巴一张一合来捕获猎物。它们的牙齿不发达，因此无法咀嚼食物，只能生吞猎物。它们吃小型鱼类、昆虫、软体动物与节肢动物和两栖动物幼体。

威胁
人们喜欢抓墨西哥钝口螈来作为宠物饲养，这是它们深陷危机的主要原因。此外，由于人类向它们生活的水体引入了各种鱼类，它们不得不与这些新来的鱼类竞争原本属于它们的食物和生活空间，这亦是其面临的威胁之一。

足部
它们的后肢各长了5个脚趾，但不带脚蹼。

特征
墨西哥钝口螈身体圆润，终生保留幼体时期的双鳃，这是它们与其他有尾目动物的最大区别。此外，它们也保留了其他的一些幼体特征，例如扁扁的尾巴游动如蛇，没有眼睑，没有排泄氮气的能力，骨架以软骨组织为主等。作为夜行动物，它们能在黑暗中自由游动，寻找小型无脊椎动物。水鸟是它们最大的天敌。

皮肤
与其他有尾目和无尾目动物不同，墨西哥钝口螈不会蜕皮。

前肢
前肢看起来十分脆弱。我们甚至可以从白色钝口螈的皮肤细薄处看到它们内部的骨头。前肢有4个脚趾，且有巨型脚蹼

1500
一只完全性成熟的雌性墨西哥钝口螈可产下1500枚卵。

颜色
墨西哥钝口螈颜色大体呈深灰色且带白色斑纹。因色素细胞缺乏色素，许多个体呈白色。

皮支
毛细血管
纤毛

外鳃

墨西哥钝口螈通过头部两侧的外鳃与外部交换气体。这一器官由一层薄薄的皮支覆盖着,我们甚至可以用肉眼看清它们内部的毛细血管。皮支和毛细血管组成了精细且庞大的纤毛网。皮支的移动使得水可在这层皮肤薄膜上流动,这时氧气进入它们的血管,而二氧化碳从体内排出。

30厘米

最长的墨西哥钝口螈体长可达30厘米。

生命周期

墨西哥钝口螈在生物进化方面主要体现在幼态持续,即成体仍保留着幼体的特征,例如外鳃。因缺乏甲状腺激素,幼体特征在成体上仍保留下来。

1 卵
每个性成熟的雌性钝口螈可产多达1500枚卵。

2 幼体
1周后,受精卵孵化出来,幼体完成发育。

4 成体
生活离不开水,在水中寻找营养品以及进行繁殖。

3 发育完全
这时它们已经性成熟,但仍保留着外鳃和尾鳍。

两栖动物 49

蝾螈和欧螈

门：脊索动物门
纲：两栖纲
目：有尾目
科：3

真螈和欧螈、无肺螈及钝口螈分别是蝾螈科、无肺螈科及钝口螈科的代表生物。蝾螈科成员体形偏大，卵在雌性体内完成受精；钝口螈大部分时间待在自己的巢穴里；而无肺螈通过嘴巴与皮肤呼吸。

Salamandra atra
黑真螈

体长：15 厘米
保护状况：无危
分布范围：欧洲阿尔卑斯山脉、丹麦、斯洛文尼亚、克罗地亚、波斯尼亚－黑塞哥维那、塞尔维亚、黑山和阿尔巴尼亚

黑真螈是卵胎生动物，即交配后受精卵在雌性体内发育 2~4 年，而后成形的 1~2 个幼体孵化而出。作为陆栖与夜行动物，它们通常藏在乱石树干下，下雨的时候才会向外活动，而且它们还喜欢待在草地树荫下。它们的皮肤呈深黑色，会冬眠，吃小型无脊椎动物，如蜘蛛、幼虫与蚯蚓。一旦生命受到威胁，它们会通过皮肤释放毒液。

Triturus vulgaris
普通欧螈

体长：7~11 厘米
保护状况：无危
分布范围：欧洲

成体普通欧螈每隔一周会蜕一次皮，气温持续低于 0 摄氏度时，它们会进入冬眠状态。通常，雄性背部皮肤有黑色斑纹。作为夜行动物，它们通过伸展舌头来摄食昆虫与软体动物。在水里的普通欧螈会用自己的牙齿捕捉鱿鱼、幼虫与蝌蚪。繁殖期间，雌性会在漂浮在水面的树叶上产下 400 枚卵。

幼体
孵化之后，幼体进入水里继续完成发育。

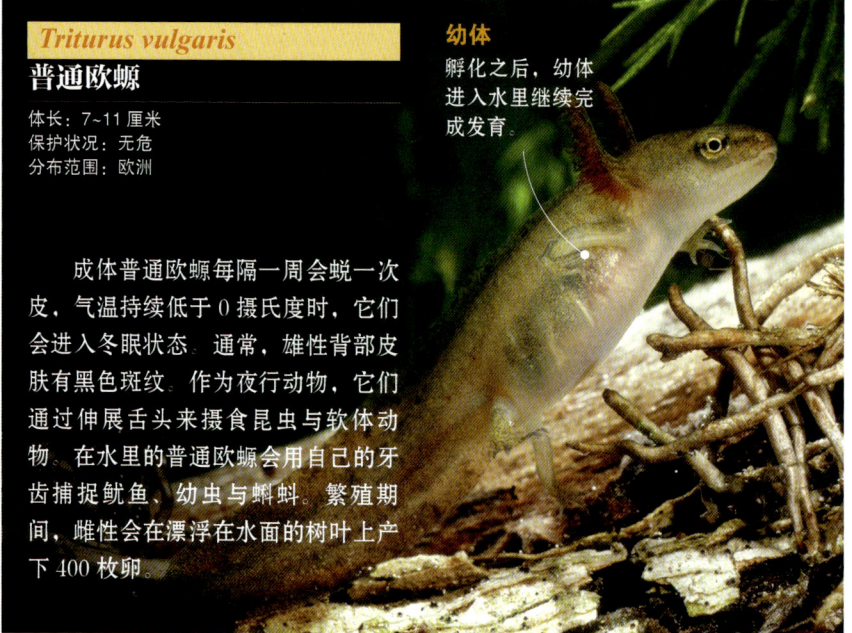

Pseudotrition ruber
红蝾螈

体长：10~18 厘米
保护状况：无危
分布范围：美国东部

冬季红蝾螈会待在水里，而其他季节则待在陆地上。背部与身体两侧颜色呈褐紫色或红色，背部布满深色斑纹。红蝾螈在水中进行交配，而雌性会把卵产在小溪、河流的岩石之间。受精卵在初冬时孵化，幼体期长达 2~3 年。

有退敌作用的皮肤
红蝾螈的皮肤可分泌毒液，可驱退一定数量的捕食者。

两栖动物 51

Ambystoma tigrinum
虎纹钝口螈

体长：17~33 厘米
保护状况：无危
分布范围：北美洲

虎纹钝口螈身体肥圆，眼睛很小，皮肤呈黑色且有许多不规则的黄色、绿色或褐色斑纹。成体为陆栖性，常年待在森林、草原或沼泽地的洞穴下，而且通常会一直待在自己的出生地。它们作为夜行动物，偏好独居，吃昆虫、蜗牛或小青蛙。

虎纹钝口螈在水里繁殖。雌性会把卵产在因积雪融化或雨水积累而成的小水坑里的植物上。一旦受精卵孵化，幼体则在水里完成发育。寿命可长达 15 年。

毒液
由皮腺分泌，还起到湿润皮肤的作用。

嘴巴
形状长而圆。

Notophthalmus viridescens
绿红东美螈

体长：7~12.4 厘米
保护状况：无危
分布范围：加拿大和美国

绿红东美螈栖息于沼泽地与平静的溪流中，即便埋入土里亦可生存。气候干燥时，成体在陆地上生活。它们有着扁平的尾巴，可在水里灵活游动。日夜均出来活动，吃小型无脊椎动物。体色根据年龄与性别而不同，呈黄褐色或绿褐色并带红色斑纹。

Tylototriton verrucosus
黑棕疣螈

体长：15~22 厘米
保护状况：无危
分布范围：亚洲东南部

黑棕疣螈身体肥圆，头后两侧有甲状旁腺。皮肤颜色或全黑或黑中带粉褐色。作为食量较大的肉食动物，它们吃蟋蟀、昆虫与蚯蚓。它们是蝾螈科中最为活跃的物种，寿命长达 10 多年。雌性把卵产于水塘的树叶上，几天之后雄性过来使卵受精。受精卵一旦孵化，幼体在水里完成变态发育，之后再度过它们第一阶段的陆地生活。成体除了天气最为寒冷的几个月会返回陆地外，其他大部分时间都待在水里。它们的栖息地环境因人类的森林砍伐与农业扩张而受到威胁。

尾巴
长而扁平，颜色通常比体色淡一些。

Pleurodeles waltl
欧非肋突螈

体长：30 厘米
保护状况：近危
分布范围：摩洛哥、葡萄牙和西班牙

欧非肋突螈大部分时间都待在水里，如溪流、池塘与湖泊，它们把自己埋入淤泥或藏在石头底下。此外，我们也可以在灌木林、森林或农田里发现它们的踪迹。交配之后，雌性用黏液把800~1300 枚卵黏附在池塘植物上。它们有着大大的眼眶与疣状皮肤，是肉食动物，偏好吃小型水生动物。

Salamandra salamandra

火蝾螈

体长：18~28 厘米
保护状况：无危
分布范围：欧洲和亚洲西部

幼体
幼体期结束后，火蝾螈的皮肤上会长满色彩斑斓的斑纹。

火蝾螈外形跟虎纹钝口螈十分相似，但是火蝾螈仍有自己的特殊之处：它们不仅体形更加健硕，而且皮肤还可以分泌有毒物质来吓退捕食者。耀眼的体色根据所分布的地理环境而有所不同，通常皮肤呈黑色，带黄色、橙色或红色斑纹。

栖息地

火蝾螈栖息于森林或山地里，冬季藏在地下而夏日里会缓慢地爬到陆地上，藏在乱石间、鼹鼠洞中或树干下。

繁殖

雄性钻到雌性体下，抓牢雌性后释放精囊，之后雄性侧身，雌性就能碰触到精囊。当受精完毕后，受精卵会在雌性体内发育直到幼体期结束为止。

性成熟

当成体达到性成熟时会重返水里，雌性会负责受精卵的孵化，直到它们幼体期结束。

危险的外观

捕食者清楚地知道这类有尾目动物色彩鲜艳的警戒色是在时刻警告敌人：我的皮肤是有毒的。通常而言，火蝾螈呈黑色并带黄色斑纹。头部皮肤上的眶前腺可分泌有毒物质，以抵御捕食者的攻击。

皮肤
背部与体侧皮肤光滑亮丽，喉部与腹部斑纹较小且少。

眼睛
眼球硕大且视力敏锐，有助于它们精确地瞄准猎物并发动攻击。

20 年
是这类有尾目物种的最长寿命。

觅食

火蝾螈作为肉食动物，只吃活体动物，擅长利用自己的嗅觉与视觉来勘测猎物的位置。一旦发现猎物踪迹，它们的舌头猛地一伸，便可把猎物死死擒住。火蝾螈是捕猎能手，但是它们的活动时间并不能持续很久，因为身体的能量供给实在有限。若吃下过多的食物，它们会把这部分多余的能量储存并转化为脂肪组织，当食物匮乏的日子到来，这些脂肪便有了作用。

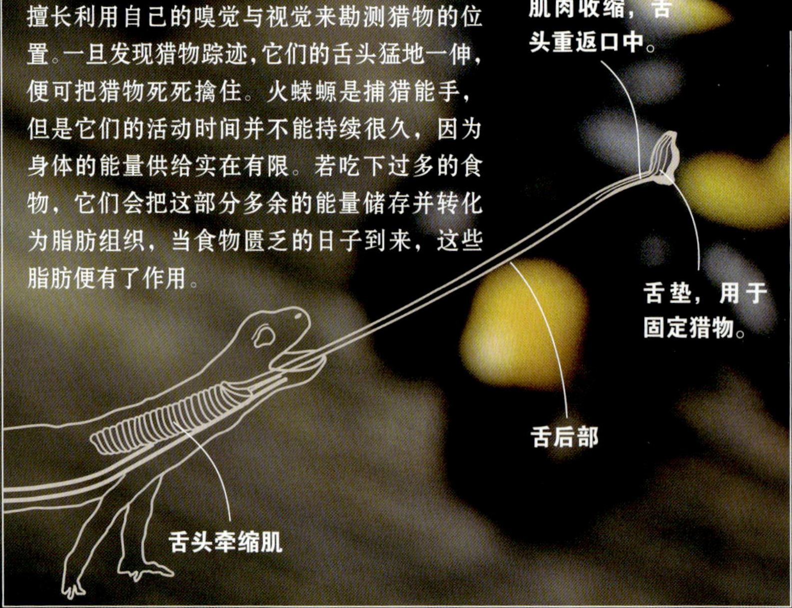

肌肉收缩，舌头重返口中。

舌垫，用于固定猎物。

舌后部

舌头牵缩肌

两栖动物 53

生命周期

火蝾螈从卵孵化成幼体，再从幼体发育为成体，历经3个阶段。卵黄为个体发育提供充足的营养。火蝾螈的幼体吃小型无脊椎动物，而成体则吃蚯蚓、蛞蝓与昆虫，甚至包括同类的幼体。

40
每次孵化约有40只幼体出生。

1 卵
孵化成功后则孕育为新的生命个体。

2 出生
刚出生的火蝾螈有羽毛状的外鳃。

3 幼体
在它们生命初期必须依靠水来觅食与生存。

4 变态
外鳃收缩起来失去作用，火蝾螈通过皮肤与肺部呼吸。

5 成体
火蝾螈达到性成熟状态则代表着它们已为成体，外形不会再发生变化。

湿度
湿度对于皮肤是否能呼吸起着至关重要的作用。皮肤上的水层可以帮助它们吸收氧气，除去二氧化碳。

四肢
其前肢有4个脚趾，而后肢有5个脚趾。

防御

为了生存，有尾目动物拥有卓越的躲避与防御能力。夜晚，它们的天敌在休息，而这时却是它们行动活跃的时候，这是它们防御能力的体现；为了吓唬进攻者，有尾目动物会摆出某些姿势，例如蝾螈与欧螈，会特地展示它们色泽鲜艳的背部或肚子，这也是它们防御能力的体现。同时，它们这些姿势也是一种警告信号，告诫敌人它们将会释放有毒的物质。

大鲵和两栖鲵

门:	脊索动物门
纲:	两栖纲
目:	有尾目
科:	2
种:	6

大鲵属于隐鳃鲵科，是目前现存的最大的两栖动物。尽管它们有肺部，但是大部分的呼吸都是通过皮肤进行的。两栖鲵属于两栖鲵科，身体细长，四肢短小，有3个鳃裂，但成体通过皮肤与肺部呼吸。

Andrias davidianus
中国大鲵
体长：1~1.8米
保护状况：濒危
分布范围：中国

潜伏
娃娃鱼（中国大鲵的俗名）隐藏起来，通过身体与头部的感官中心去探知猎物的行动。

皮肤呼吸
成体的皮肤上起伏夸张的皱褶增大了气体交换的表面积。

中国大鲵是最大的鲵，也是最大的两栖动物。它们身体平且扁，头扁而大，每只眼睛都有突起的结节。嘴宽舌大，牙齿细小且咬劲强大，尾巴长而宽。皮肤粗糙带皱纹，呈黑色、褐色或绿色，带深色斑纹，体侧的凹纹与褶皱从头部一直延伸至尾巴。

中国大鲵大部分时间生活在水里，通常栖息于山间森林的溪流里，夜晚行动活跃。

雌性把上百枚卵产在洞穴里，雄性一直保护着受精卵直到它们孵化成形，孵化时间一般为1个月。幼体体长约达20厘米时，头两侧的外鳃经变态发育之后会消失不见。成体的中国大鲵有肺部，但是仅仅用肺呼吸是不够的，通常它们更多的是通过皮肤来进行呼吸。

Andrias japonicus
日本大鲵
体长：1~1.5米
保护状况：近危
分布范围：日本

日本大鲵皮肤带褶皱与深色斑纹，斑纹通常呈灰色、绿色或黑色，这使它们可以很好地在水里进行伪装与隐藏。它们栖息于山地低温的河流与小溪里。长长的身体布满疣状颗粒与毛细血管，它们可通过毛细血管与水进行气体交换，即皮肤呼吸。因此，日本大鲵大部分时间都是待在水里的，很少离开水。它们通常待在深度不超过2米的阴暗水体里，且大部分时间保持纹丝不动。日本大鲵的变态发育缓慢，即便数周不进食也没有问题。

两栖动物

Cryptobranchus alleganiensis
美洲大鲵

体长：30~70 厘米
保护状况：近危
分布范围：美国

美洲大鲵头部与身体平扁，尾巴长而健壮，四肢短小但有力，前肢有 4 个脚趾而后肢有 5 个。它们栖息于带岩石底层的湍急河流中，夜晚行动活跃。美洲大鲵是一种领地意识极强的动物。雄性会在树干下、石头下或洞穴里搭建巢穴，这样做是为了吸引雌性靠近与产卵。

外形特征
皮肤呈褐色、绿色或微红色。

Amphiuma tridactylum
三趾两栖鲵

体长：0.46~1.06 米
保护状况：无危
分布范围：美国

三趾两栖鲵身体细长，四肢上都长了 3 个脚趾，它们的名字也由此而来。背部皮肤呈黑色、褐色或深灰色，脖子带深色斑纹。头侧均有鳃裂，但成体两栖鲵无须再用鳃裂，因为它们都用肺部和皮肤进行呼吸。它们栖息于湖泊与沼泽地中，喜欢躲在自己的巢穴里，夜里行动活跃，生活几乎都离不开水，只有在狂风暴雨时它们才会浮出水面。

繁殖发生于气候炎热的季节，体内受精。雌性产下 200 枚受精卵，卵产下后通常排成线形或链状，在 4~5 个月之内完成孵化。旱季时，三趾两栖鲵会把自己埋在土里，直到雨水降临。

声音
当它们受到威胁时，会发出刺耳的尖叫声

Triturus alpestris
高山欧螈

体长：8~11 厘米
保护状况：无危
分布范围：欧洲

高山欧螈栖息于山地平静的湖泊或溪流里。它们是夜行动物，但白天下雨时行动亦活跃。体形小，腹部呈橙色或淡红色，背部呈灰色带黑色斑纹。雌性皮肤的颜色会更深。繁殖期间，雄性会展示出带黑色条纹的黄色头冠。冬季过后，它们会离开自己的居住地，游向繁殖地，而且它们选定繁殖地后一生都不会改变。雌性与雄性相遇并交配后，雄性使卵受精，雌性把受精卵产在水生植物之间。

Triturus cristatus
大凤头蝾螈

体长：14~18 厘米
保护状况：无危
分布范围：欧洲北部和中部（法国西部至俄罗斯）

大凤头蝾螈是体形最大的欧螈。它们身体纤长，尾巴健壮，皮肤粗糙呈褐色，背部呈黑色，体侧带白色斑纹，腹部有黄橙色斑点。繁殖期间，雌性会长出头冠，从头部一直延伸至尾巴末端，且尾巴也会出现一些银白色条纹。雌性体形比雄性稍大一些，尾巴有一条橙色线条。它们大部分时间待在植被丰富的水体中，吃各种各样的水生无脊椎动物，有时也吃蜻蜓或其他成体欧螈。

无足目

无足目动物身体细长，皮肤布满环形褶皱，无四肢，眼睛退化，嗅觉发达。大部分无足目动物栖息于地下，也有部分生活在水里。细长的身体使得它们可以在阴暗的隧道里穿梭，寻找猎物。无足目动物仅存在于热带环境中，目前在欧洲、澳大利亚与南极洲尚未发现无足目动物。

门：	脊索动物门
纲：	两栖纲
目：	无足目
科：	3
种：	186

适应环境

无足目动物没有四肢，生活于地下通道里，也有部分生活在水里。因为它们的外形，通常我们会把它们跟蚯蚓混淆。无足目动物身体细长，皮肤布满环形褶皱，也正是这一特殊的身体结构使它们可以在地底下灵活爬动。环褶间有真皮鳞，这是无足目动物最具代表性的特征。有些尾巴短小的水生无足目动物更擅长游泳。它们的皮肤紧致，牙齿弯曲并朝向前方。

视觉、嗅觉与听觉

无足目动物的眼睛退化，隐于皮下，这一特殊结构是为了它们挖土时可以避免摩擦眼睛。在眼睛与鼻孔之间有可伸缩的触角，作为感觉器官的一部分，连接着雅各布森器官，正是两者的共同作用构成了无足目动物灵敏的嗅觉。它们没有耳室与鼓膜。

行为

无足目动物栖息于地下环境，只有夜晚才会露出地面，尤其是雨后的夜里。水栖无足目动物几乎不会出现在陆地上。卵生的无足目动物为了保护卵并为其生存维持适当的温度，会把卵团卷起来直到它们孵化。主要食物为无脊椎动物，如蚯蚓、蜈蚣与昆虫，它们甚至可以摄食小型脊椎动物。

地下生活

无足目动物身体细长且没有四肢，这一特征是为了更好地适应地下生活。此外，它们皮肤紧致，眼睛萎缩，长有触角，起着化学感受器的作用。

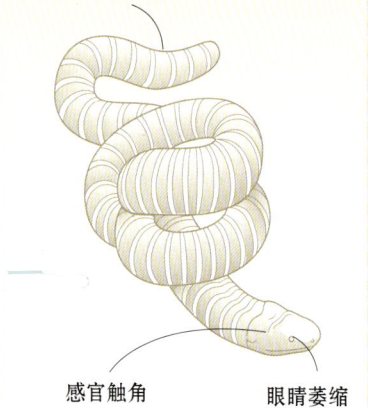

身体细长，无四肢

感官触角　　眼睛萎缩

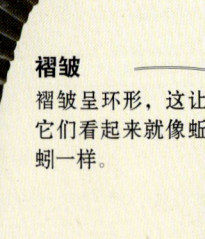

褶皱
褶皱呈环形，这让它们看起来就像蚯蚓一样。

无足
经过上百年的进化，无足目物种的四肢已不复存在。

Ichthyophis kohtaoensis
达岛鱼螈

体长：19.2~28 厘米
保护状况：无危
分布范围：亚洲东南部

达岛鱼螈是一种热带地区的无足目动物，身体细长无四肢，栖息于沼泽地、湿地、常绿森林、河岸、农业用地或寻常人家的花园里。它们生活在地下，依靠嗅觉来判断方位。干旱季节时它们会躲在地下，雨季来临，它们也会出现在落叶堆下。雌性一次可产 32~58 枚卵，它们会在自己建造的巢穴里照顾好这些卵。

隐藏
达岛鱼螈通常躲在地下，一般下雨时才会露出地面。

Rhinatrema bivittatum
双条吻蚓

体长：20 厘米
保护状况：无危
分布范围：南美洲北部

双条吻蚓栖息于热带或亚热带地区的河流小溪旁，仅分布于巴西、法属圭亚那、圭亚那与苏里南。根据记录，海拔超过 150 米的地方目前尚未发现它们的踪迹。双条吻蚓生活在地下，但交配与受精均在地面上，而产卵、孵化与幼体发育，与其他无足目动物一样，都在水里进行。有关这一物种的分类人们并不清楚，据估测，应该有多于 1 个物种存在。在 2010 年，人们在圭亚那发现了一条吻蚓，但这一个体之前早已记录在册。目前我们在农田或城市用地仍未发现它们的存在。由于它们通常待在人烟稀少的地方，目前生命并无威胁。

Typhlonectes compressicauda
扁尾盲游蚓螈

体长：50 厘米
保护状况：无危
分布范围：南美洲北部

扁尾盲游蚓螈是一种水栖无足目动物，呈深栗色，栖息于亚马孙丛林里的河流与沼泽中，下至低地上至海拔 200 米的丘陵都可以发现它们的踪影。作为胎生动物，它们在水中生产，且分布普遍，目前生命无威胁。泄殖腔上的 10 个齿是辨识它们的重要依据之一。因为不清楚南美洲北部的扁尾盲游蚓螈是否就是该类动物的唯一代表，有关它们的分类我们仍需进行更多的调查与核实。

Siphonops annulatus
环管蚓

体长：20~40 厘米
保护状况：无危
分布范围：南美洲中部和北部

环管蚓的特点在于其蓝色皮肤上的白色环纹。它们无四肢，栖息于地下，偏好潮湿的丛林。此外，它们也存在于花园、农田或人工造林区。

环管蚓把卵产在地上，生殖无须依靠水体。幼体头宽，没有色素，身体呈白色，出生后会吃母体蜕下的皮作为营养品。这种母体对亲代的照顾模式可能是延续了上亿年，因为人类在非洲也发现了一种有类似照顾行为的无足目动物。这意味着，当非洲和南美洲大陆板块分离之前，这一特殊的照顾行为便已存在。此外，幼体也会吃母体泄殖腔释放出的液体。

皮肤
呈亮蓝色，带细长白色环纹

图书在版编目（CIP）数据

两栖动物 / 西班牙 Editorial Sol90, S. L. 著；李彤欣译 . — 太原：山西人民出版社，2019.6（2021.9 重印）
（国家地理动物百科）
ISBN 978-7-203-10733-0

Ⅰ.①两… Ⅱ.①西… ②E… ③李… Ⅲ.①两栖动物—普及读物 Ⅳ.① Q959.5-49

中国版本图书馆 CIP 数据核字 (2019) 第 020782 号

著作权合同登记图字：04-2019-002

Animals Encyclopedia is an original work of Editorial Sol90
First edition © 2015 Editorial Sol90, S. L. Barcelona
This edition 2019 © Editorial Sol90, S. L. Barcelona granted to 山西出版传媒集团·山西人民出版社
All Rights Reserved
The simplified Chinese translation rights arranged through Rightol Media
（本书中文简体版权经由锐拓传媒取得 Email: copyright@rightol.com）

两栖动物

著　　者：西班牙 Editorial Sol90, S. L.
译　　者：李彤欣
责任编辑：陈俞江
复　　审：傅晓红
终　　审：秦继华
装帧设计：八牛·设计

出 版 者：山西出版传媒集团·山西人民出版社
地　　址：太原市建设南路 21 号
邮　　编：030012
发行营销：0351-4922220　4955996　4956039　4922127（传真）
天猫官网：http：//sxrmcbs.tmall.com　电话：0351-4922159
E-mail：sxskcb@163.com 发行部
　　　　　sxskcb@126.com 总编室
网　　址：www.sxskcb.com

经 销 者：山西出版传媒集团·山西人民出版社
承 印 厂：雅迪云印（天津）科技有限公司

开　　本：889mm×1194mm　1/16
印　　张：4
字　　数：167 千字
版　　次：2019 年 6 月　第 1 版
印　　次：2021 年 9 月　第 2 次印刷
书　　号：ISBN 978-7-203-10733-0
定　　价：58.00 元

如有印装质量问题请与本社联系调换